MUCAI
CHANGGUI
GANZAOSHOUCE

木材常规干燥手册

伊松林 / 主　编◎　　　何正斌 张璧光 / 副主编◎

U0299169

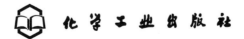

化学工业出版社

·北京·

本书以木材的常规干燥为描述对象，从木材干燥的含义及相关基础知识入手，对常规干燥设备、干燥工艺及干燥节能技术进行了介绍。本书的特点是实用和面向基层一线。尽量简化繁杂的理论叙述，文字通俗易懂。书中包含了大量的应用实例和实物照片，附有木材干燥常用的图表及干燥基准，以供实际操作时参考和选用。

　　本书不仅可作为木材干燥领域从业人员的常备资料，还可用作技术工人的培训教材，以及为相关专业大专院校师生和科研院所研究人员参考

图书在版编目（CIP）数据

　　木材常规干燥手册/伊松林主编 . —北京：化学
工业出版社，2017.9
　　ISBN 978-7-122-30324-0

　　Ⅰ.①木…　Ⅱ.①伊…　Ⅲ.①木材干燥-技术手册
Ⅳ.①S782.31-62

　　中国版本图书馆 CIP 数据核字（2017）第 181309 号

责任编辑：戴燕红　　　　　　　文字编辑：谢蓉蓉
责任校对：吴　静　　　　　　　装帧设计：王晓宇

出版发行：化学工业出版社（北京市东城区青年湖南街 13 号　邮政编码 100011）
印　　刷：三河市航远印刷有限公司
装　　订：三河市瞰发装订厂
710mm×1000mm　1/16　印张 13¾　字数 247 千字　2017 年 10 月北京第 1 版第 1 次印刷

购书咨询：010-64518888（传真：010-64519686）　售后服务：010-64518899
网　　址：http://www.cip.com.cn
凡购买本书，如有缺损质量问题，本社销售中心负责调换。

定　　价：58.00 元

前言
FOREWORD

木材干燥是木材加工利用过程中最为重要的工艺环节。对木材进行正确合理的干燥处理，不仅可以提高其力学强度和木制品的尺寸稳定性，防止发生腐朽、霉变、虫蛀及减少开裂、变形等降等损失，还可提高油漆着色的装饰性和胶合力。因此木材干燥是提高木材利用率、节约木材的一项重要措施。随着我国经济的迅速发展，木材的需求量日益扩大，木材干燥的地位和重要性日益突出，因此木材干燥行业的任务十分艰巨。

本书以木材的常规干燥技术为描述对象，从木材干燥的含义及相关基础知识入手，通过对干燥设备、干燥工艺和节能干燥技术的介绍，由浅入深，以期能为木材干燥工程技术人员提供操作指导和参考。本书不仅可作为木材干燥领域从业人员的常备资料，还可用作技术工人的培训教材，以及为相关专业大专院校师生和科研院所研究人员提供参考。

本书的特点是实用和面向基层一线。尽量简化繁杂的理论叙述，文字通俗易懂，用举例的方式说明一些基本理论、干燥工艺和图表的应用。本书还包括木材预干室、连续式干燥室、操作常见故障原因及分析、干燥基准的选用、木材干燥时间的理论计算、木材干燥缺陷与预防，以及节能干燥技术等部分。书中或附录中附有木材干燥常用的图表及干燥基准，以供实际操作时参考和选用。

本书共分 5 章，其中第 1～2 章主要由何正斌（北京林业大学）、张璧光（北京林业大学）编写；第 3～4 章主要由伊松林（北京林业大学）、何正斌编写；第 5 章主要由伊松林、张璧光编写。全书由伊松林统稿。王振宇、曲丽洁、李金鹏、钱京、张佳利在资料收集和整理等过程中的辛勤工作，在此表示衷心感谢。

感谢北京林业大学教学名师专项教改计划"基于卓越农林人才培养的实践教学改革"项目的资助。感谢潍坊富顺节能科技有限公司、满洲里中林科技干燥设备有限公司提供的部分图片。

书中引用了国内外木材干燥方面的各种图书资料及国家标准与行业标准，在此向相关作者及单位表示感谢。

书中的错误或不妥之处，欢迎提出批评指正。

编者

2017 年 5 月

目录
CONTENTS

1 绪论

1.1 木材干燥的含义

工业生产中，干燥系指排出某些原料或用这些原料加工的成品中的一部分或大部分水分的工艺过程。这一定义也适用于木材干燥。木材在加工和使用前必须加以干燥。湿木材加工成的木制品必将产生种种严重缺陷。通过化学干燥、机械脱水和热力作用等可将木材内部水分脱除，其中木材热力干燥最为普遍，本书主要针对热力干燥进行介绍。

热力干燥系通过分子振动以破坏液体与物体间的化学和静电结合，进而使物体干燥。在进行热力干燥时，必须使被干物的分子结构不发生变化，不影响被干物质原来的性质。热量可通过导热，即木材通过热导体（如金属）和热源接触，如辐射（如微波、红外线等方式）以及通过湿空气将热量传递给木材的对流换热过程。木材内部水分以蒸发或沸腾的汽化方式排出。蒸发发生在空气中的水蒸气分压低于该温度下的饱和蒸气压的时候，一般湿空气中的水蒸气均为不饱和蒸汽，所以蒸发在任何温度下均可发生。湿原木及由它锯制成的锯材（成材），含有大量的水分，通常都会从表面向周围空气中蒸发水分，随时都在干燥之中。当木材在常压下被加热到100℃以上时，就会产生沸腾汽化现象。木材干燥主要指按照一定的基准有组织有控制的人工干燥过程，也包括受气候条件制约的大气干燥。

1.2 木材干燥的目的及意义

由于湿材的含水率较高、密度大、机械强度低，物理、力学性能较差，易腐朽等，不宜直接作为民用和工业用材，所以一般民用和工业用材必须经过干燥处理。木材干燥的意义概括起来主要有以下四个方面。

（1）提高木制品的尺寸稳定性，防止木材的变形和开裂。当木材含水率在纤维饱和点（约为30%左右）以下时，木材的尺寸会随环境湿度的变化而发生干缩或湿胀。当木材干缩时木质门、窗有缝隙。当木材发生湿胀时，可能发生木地板翘起和门窗关不上的现象。将木材含水率干燥到与环境相适应的程度，就能在一定程度上防止木材干缩和湿胀，从而防止木材的变形和开裂。如我国干旱的西北地区，木材的平衡含水率为10%左右，木材需相应干燥到7%～9%的含水率。

东南沿海地区，气候潮湿，木材干燥的终含水率应为 12%～13%。东北地区使用，以及出口到北美洲的木制品，因考虑到室内采暖条件的要求，应干燥到 6%～8% 的终含水率。

（2）减少降等损失，预防木材腐朽变质和虫害。原木制作后若未及时干燥或干燥工艺不当，都可能使锯材发生开裂、变形、变色等缺陷，使木材降等。同时，当木材含水率在 20%～100% 之间，容易产生霉菌，导致腐朽和虫蛀。将木材干燥到含水率在 20% 以下或贮于水中可免除这些病虫害。如马尾松在我国南方分布较广，木材密度和强度中等，宜作建筑、车辆、家具等用材，但该木材易腐朽、变色和虫蛀，但若干燥到 20% 以下的含水率，就可以有效地保持木材的固有的品质。

（3）提高木材的力学强度，改善木材的物理性能。当木材含水率降低到纤维饱和点以下时，木材的力学强度将随含水率的降低而增加。例如当松木由含水率 30% 降低到 18% 时，其静曲强度将从 50MPa 增至 110MPa。此外，含水率适度降低，可改善木材的物理性能，提高胶合质量，充分显现木材的花纹、光泽和绝缘性能等。

（4）减轻重量，提高运输能力。新制的锯材经干燥后其质量可减少 30%～50% 或更多。因此，若能在林区或木材进口的口岸附近将原木集中制材，集中将锯材干燥到运输含水率（约 20%），然后运输到用户所在的地区再干到所需的终含水率，既可减少运费，又可以减少木材开裂、变形等降等损失。

总之，木材干燥是合理利用木材、节约木材的重要技术措施，木材干燥是木材加工中一项十分重要的工序，木材干燥涉及的行业很多，包括家具、室内装饰、建筑门窗、车辆、造船、纺织、乐器、军工、机械制造、文体用品、玩具等，几乎所有使用木材的部门都要进行木材干燥。同时木材干燥又是提高木材利用率，节约森林资源的重要途径。木材干燥的总目标是在保障干燥质量的前提下，尽量加快干燥速度，减少能耗和成本。此外，还应考虑尽量减少干燥排放物对环境的影响。

1.3 木材干燥的方法

木材的干燥方法可分为大气（天然）干燥与人工干燥两大类，人工干燥又可分为常规室干、除湿干燥、太阳能干燥、真空干燥、微波干燥、红外线干燥、高温干燥、高频干燥、低温干燥和化学干燥。

1.3.1 大气干燥

大气干燥简称为气干，是自然干燥的主要形式，很多木材在进入人工干燥之前，在堆放过程中都会经历大气干燥。它利用自然界中大气的热力蒸发木材的水分，达到干燥的目的。为了防止板的开裂及弯曲，必须加以遮盖以避免日光的直接照射和雨水淋湿，材堆内的空气循环应尽可能良好以加快干燥速度及使干燥均匀。大气干燥是由地区和季节的气候条件所支配的。干燥时间不能控制和调节，即使干燥时间很长，也不能达到气干含水率以下。气干干燥时间长，但是，其优点是几乎不需要什么设备费用，能较快地达到纤维饱和点附近的含水率等。因此，木材在人工干燥之前先采用大气干燥法经济效果更好，也可节能。本小节将讨论木材大气干燥的现状、要遵循的规则及优缺点。首先介绍原木的大气干燥，然后介绍板材的大气干燥。

1.3.1.1　原木的大气干燥

原木干燥，是指带皮的原木段、原木、树枝段或带枝叶的整根新鲜伐倒木的干燥。树木一倒，干燥过程即开始。气候越干燥，枝叶越多，树皮剥去越多，木材就越易干燥。就地干燥新鲜伐倒树木能使木材很快达到纤维饱和点，能大大减小木材腐朽的危险。

影响原木气干速率的因素很多，主要有以下两方面。

（1）树叶对原木大气干燥有积极的影响，将山毛榉树伐倒，其中一株保留树枝、树叶、树干下端及部分树根，另一株在伐倒后立即截去树冠、树干下端及部分根部。四个星期以后，前者的干燥速度要快很多。尤其是树干的外层及树干下端近根部分干燥特别快。这个主要是由于树叶的蒸发面积大（如表1-1所示），加速了干燥过程。因此，在不影响伐区作业的情况下，在树木伐倒后15～20d后打枝有利于木材干燥。

（2）剥皮有利于原木的气干过程，树皮有减缓木材中水分蒸发速度的作用，剥皮的松树在伐倒两个月以后，其含水率即降低一半，如果保留树皮，要达到同样含水率，则需一年。

表 1-1　若干树种树木的树叶面积（P. 若利，1985）

树种	直径/cm	树叶面积/m²
冷杉	20	225
	40	490
欧洲赤松	20	130
	40	240
落叶松	20	210
	40	400
山毛榉	20	355
	40	585
栎木	20	1000

1.3.1.2 板材的大气干燥

为使木材得到干燥，必须使它和周围空气进行水分交换。因此，木材锯解后，应堆积在通风的地方，材垛堆积得好坏对木材干燥的影响很大。材堆由多层成材组成，中间放置若干隔条，放隔条的目的是促进成材之间空气的流通。放在同一层的板材应该有一定的间距，以利于木材与空气的水分交换及垂直通风。

气干过程中，材垛应整齐地排列在气干场上，材堆布置方向要根据主风方向来选择确定。一般说，主风应垂直吹向材堆，最底层板材离地面至少 0.5m，以防止低温、潮湿的空气聚集材堆下部。气干场必须整洁，朽木及杂草等要清除干净，以防止木材感染虫害或菌害，有条件最好铺上沥青或沙子。

由于大气干燥不能人工调节温、湿度，所以堆积场地的要求、堆积方法和管理方法是否适当，极大地影响干燥速度与干燥的均匀度。在气干材堆上每个材堆应挂牌，标明树种、厚度、数量、堆积日期，以便定期翻堆，尽量使终含水率在木料中分布均匀，保持木材的品质，不同树种、规格的锯材应分类堆积。

在选择板院场地时，应注意以下几方面：

① 板院地势应平坦、干燥，具有 2‰～5‰的排水坡度。板院四周应有排水系统，以利于排水。板院的通风要良好，附近不得有高地、林木或高大建筑物遮挡。

② 板院应按锯材的树种、规格分为若干材堆组，每个材堆组内有 4～10 个小材堆。组与组之间用纵横向通道隔开。纵向通道宜南北向，使材堆正面不受阳光直射，还应使纵向通道与主风方向平行，还应与材堆长度方向平行。材堆的具体排列及尺寸见图 1-1 和图 1-2。

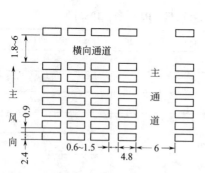

图 1-1　针叶树材的板院布置（单位：m）

图 1-2　阔叶树材的板院布置（单位：m）

③ 板院场地树木杂草要清除，场内坑洼处要用沙土或煤渣填平。场内排水不宜设明沟，应设暗沟。一旦发现材堆上有霉菌、干腐菌的侵害，应及时分开木

材并进行消毒。

④ 板院应无火灾危险，要远离居民区，设置在锅炉房的上风方，与锅炉房和其他建筑物之间应保持一定的距离。板院要距离锅炉房烟囱 100m 以上，距离食堂、职工宿舍应在 50m 以上，材堆的周围应设消防水源和灭火工具库。

材堆在板院内布置应遵守如下原则：易青变、易发霉的针叶树锯材的薄板放在板院迎风方向外侧周边；中板放在背主风的一侧。易开裂的硬阔叶树锯材的厚板放在板院的中央；有青变或腐朽的等外锯材放在板院的一隅。

（1）堆基　为了使成材的堆底留出能保证空气在材堆内部和周围流动所必需的自由空间，并使土壤均匀地承受材堆重量，使材堆保持平衡，应把材堆放在特殊结构的基础上，这个基础通常称为堆基。堆基需要有一定的高度，一般应比地面高出 0.4～0.75m，以保证通风良好，在易遭水淹的板院，堆基的高度还应超过汛期的最高水位。一般地说，黄河流域及以北地区，堆基高度可采用 40～60cm，长江以南地区可采用 50～75cm。

堆基可用钢筋混凝土、砖、石、木料制备，其形状及尺寸见图 1-3。图 1-4 的材堆就是用木料制备的堆基。木料堆基应当涂刷酚油或沥青，以防止腐朽。在堆基的上面放置堆底桁条。桁条与桁条之间的距离，薄材料大约 1.3～1.6m，厚材料大约 1.6～2.1m。桁条沿纵向最好有一点点的倾斜度，下雨时便于雨水流出。

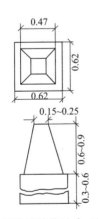 

图 1-3　材堆基础的尺寸（单位：m）　　　图 1-4　气干锯材的材堆堆基

（2）材堆的尺寸　材堆的尺寸依堆积法而异。各层板材之间用隔条隔开的材堆，宽度不应大于 4～4.5m，以保证干燥速度均匀一致。不用隔条而用板材一层一层地互相垂直堆成方整材堆时，材堆尺寸依板材的最大长度而异。

材堆宽度随环境条件和树种而变化，阔叶材为 0.9～1.8m；过宽则影响材堆下层木材内部的干燥程度；有的特宽材堆中央留出 A 字形通风道（如图 1-5

所示）。采用堆垛机装卸时，宽度可根据装运能力决定。一般标准宽度为 1.3m。若气干后再经人工干燥，其宽度则与干燥室的尺寸相匹配。材堆高度由基础强度和堆积方法决定，一般手工堆积时，高度为 2.7～4.8m；机械堆积的高度可达 6～9m，堆置小坯件时可达 2～3m。

（3）堆积密度　材堆的堆积密度依气候条件、板院位置和材料性质而异。空气湿度大、通风条件又差时，堆积要稀疏；难干板材，应该堆积得较密一些。

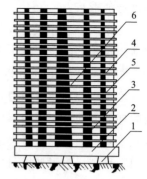

图 1-5　A 字形通风道材堆
1—基础；2—横梁；3—锯材；
4—隔条；5—边部气道；6—中心气道

板材间隙，主要决定于含水率、规格、树种和季节。通常两块板材之间的距离，为板材宽度的 20%～50%，最大不超过 100%。

材堆内的气流含有水分后，随自重增大而往下，与上升的热空气形成对流。如板材之间的间隙较大，则上下通风良好，干燥加快；但间隙过大，则材堆容积利用率降低。一般采用的间隙见表 1-2。材堆宽度方向的间隙还尽量要求形成垂直气道，气道的宽度以材堆宽度的 20% 为宜。秋季和冬季堆积时，要留出比春季和夏季较大的间隙。板材含水率较高时，间隙应宽些；当考虑树种不同时，针叶树板材应比阔叶树板材的间隙宽些。

表 1-2　板材之间的间隙

板材宽度/cm	间隙尺寸（板宽）
25 以下	1/2～3/4
25～45	1/3～1/2
45 以上	1/5～1/3
易表裂树种	1/12～1/6

（4）隔条　合理地使用隔条，不但可以保证材堆的稳定性和干燥质量，而且可形成适宜的水平气道，利于气流循环和加快干燥速度。隔条厚，因而空隙大，有利于成材气干。一般是板材厚度越薄或含水率大的板材，隔条应厚些；材堆下部的隔条要比上部的隔条厚些。

隔条的横向间距，要与板材厚度相适应。隔条间距越大，通风越良好，但间隔过大，又容易造成板材的翘曲变形。另外，在堆垛时，材堆前端面的隔条与板材端头齐平，以减慢端部的干燥速度，防止端裂。材堆后面的隔条，不允许有板材端头伸出、下垂现象，以免发生翘曲和开裂。各层隔条应上下垂直对正，不应有交错、倾斜现象。一般材堆下端干燥较慢，可以加双层隔条，以利于通风。隔条的尺寸与间距见表 1-3。

表 1-3　隔条的尺寸和间距

板材厚度/mm	隔条间距/mm	隔条厚度/mm
18～20	300～400	20
20～25	400～500	25
40～50	500～600	30
50～65	700～800	35
65～80	900	40
>80	1000	45

（5）配置通风口　材堆的通风口包括板材之间的间隙、隔条的间隙、垂直通风口和水平通风口。

通风口的大小与成材干燥有着密切的关系。通风口过小，往往会造成木材的变色、发霉和腐蚀；通风口过大，虽然对干燥有利，但却减少了堆积量。

垂直通风口，是沿着材堆高度上留出的垂直气流通道。它有两种形式，一种是上下宽度一致，另一种是上窄下宽。垂直通风口依材堆宽度、高度和板材间隙而异。一般情况下，上下宽度一致的垂直通风口，其宽度为板材间隙的 3 倍；上窄下宽的垂直通风口，上部宽 20cm，下部宽 50cm。垂直通风口的高度可以为材堆高，也可以为材堆高度的 2/3。为了加速材堆底部板材的干燥速度，可设置 2 个或 3 个垂直通风口。

水平通风口，是沿着材堆宽度上设置的水平气道，主要是为了增加材堆的横向通风。一般是自第一层起，每隔一米设一个高度为 10～15cm 的水平通风口。水平通风口可用隔条或板材叠放而成。

（6）材堆顶盖　材堆上面要加顶盖。顶盖要有一定的倾斜度，大约为 12%，以防止材堆内木材遭受雨水的侵淋。顶盖下端向前伸出材堆约 0.75m，两侧和后面各伸出 0.5m。顶盖必须牢固地缚在材堆上。

（7）堆积方法　板院内木料的堆积方式较多，一般采用水平堆积，称平堆法，见图 1-6。如将木板互相垂直搭靠成交叉形为叉形堆法，见图 1-6（a）；互相水平搭靠成三角形为三角形堆法，见图 1-6（b）。通常平堆时至少需两人操作，而叉形、三角形堆法只要一人就可堆积。生产上常用的为平堆、斜堆方式，与其他堆积法比较，干燥较均匀，但易发生开裂和变形。

对特殊规格的木材，应分别选用效果较好的堆积法。如图 1-6（c）为枕木的堆积法，其通风排水均较好。图 1-6（d）为家具、建筑用的短规格木板的堆积。

图 1-6（e）为锹、铲柄等短小毛坯料所宜采用的井字形堆积法。

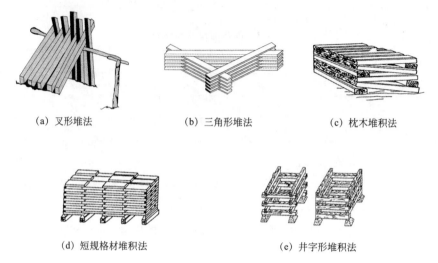

（a）叉形堆法　　　　　　（b）三角形堆法　　　　　　（c）枕木堆积法

（d）短规格材堆积法　　　　　　　　（e）井字形堆积法

图 1-6　木料气干堆积法（自 LY/T 1069—2012）

实际生产中，堆积法以平堆法应用最普遍。为了防止硬阔叶树板材的开裂，堆积时须将正板面向下；半径向锯切的长板材放在材堆的两侧，弦切板及短的板材放在材堆的中间；厚度大于 6cm 的湿板材，当含水率下降到 35％之后，最好翻堆一次，将上下部、侧中部对换一下。厚度在 4cm 以上的板材其端部可涂沥青、涂料等。

大气干燥的头一个月内，不论任何季节，干燥速度都较快，但在后几个月中则受季节影响较大。阔叶树材堆积后，不要立即在高温低湿的气候条件下进入干燥；针叶树材则不要立即在高温高湿的气候条件下进入干燥。但实际生产情况不可能如此严格，只有按具体情况予以适当调整。故大气干燥的快慢，首先取决于堆积地区的月平均平衡含水率。如美国威斯康星州，气干板厚 2.5cm 的栎木，分别在 1 月、5 月、7 月和 10 月堆积，刚开始干燥后约一个月内，干燥速度几乎相近，但后期的干燥速度差别很大。该地区的气候在 4～9 月较暖，平均平衡含水率为 12.5％，干燥快；冬季气温多在零度以下，平均平衡含水率为 14％～15％，干燥缓慢。

中国林业科学研究院木材工业研究所在北京对东北产的 10 种木材进行气干周期的测定，厚度为 2～4cm 的板材，由初含水率 60％干燥到终含水率 15％，所需的天数如表 1-4 所示。从表 1-4 中可以看出，在北京地区，由于四、五月份是平衡含水率最低的季节（月平均值各为 8.5％、9.8％），所以在初夏易于干燥。难于气干的树种与易于气干的树种所需干燥周期的比值约为 4∶1；冬季气干和夏季气干所需干燥周期的比值约为 2∶1。

表 1-4　各树种随堆积季节不同的气干周期（北京地区）

树　种	晚冬至初春干燥周期/d	初夏干燥周期/d	初秋干燥周期/d	晚秋至冬初干燥周期/d
红　松	55	16	42	54
落叶松	57	47	66	94
白　松	—	13	—	23
水曲柳	59	38	50	102
紫　椴	—	12	35	28
裂叶榆	39	16	33	39
桦　木	53	22	69	46
山　杨	55	—	37	30
核桃楸	52	20	43	43
械　木	—	28	62	58
平　均	53	23	42	56

1.3.1.3　木材大气干燥的缺陷及改良

（1）木材大气干燥中可能出现的缺陷　木材大气干燥的效果主要取决于气干场的大气条件。只能尽可能合理利用，但不能改变这一气候条件。如果气候过于潮湿，会产生干燥缺陷，例如：a. 如材堆通风不好，在潮湿空气中堆积时间过长，就有可能被腐木真菌侵蚀，引起木材腐朽；b. 如果空气太潮湿，隔条太宽或者根本没有隔条，木材可能变色。相反，空气过分干燥，也会发生下列缺陷：a. 木材表面干燥过快，会出现表面裂纹，b. 端裂，这是经常发生的干燥缺陷，为防止端裂，可在木材端头涂刷防裂油或钉上防裂板条；c. 材堆上部的板材变形，如瓦状弯曲等；d. 如风速太大，空气过干，还会发生木材表面的硬化现象，这是木材干燥的严重缺陷之一，木材表面硬化以后，中心部位就很难干燥。为了避免这些问题，必须重视材垛的正确堆积。

（2）木材大气干燥的改良

a. 加设顶盖。木材露天堆积，根本不能改善气干条件，给材堆加上顶盖，虽然遮了阳光，但改善了气干材质量，减少了木材损失，并缩短了干燥时间。研究表明，冬季在没有顶棚的情况下，木材基本得不到干燥，而在有顶棚的情况下，即使是雨雪天气，木材也能进行气干，其终含水率可达到 20%。

b. 改善通风条件。当木材表层含水率高于纤维饱和点时，风速对木材干燥的影响很大。木材大气干燥时，应选择好材堆的设置方向，以充分利用主风。在多风、干燥地区，为防止出现木材表面硬化等干燥缺陷，应适当减轻主风的影响。在有顶盖的情况下，可在顶风方向加设通风口可调节的风屏。它由许多块木板组成，形状如同百叶窗。同时，在少风、潮湿地区，可在材堆一端设置大功率风机，通过风机保证木材表面所需的风速。试验结果表明，此种措施仅在木材含水率降至40%以前适用。含水率低于40%之后不合算。

1.3.1.4 强制气干

为了提高材堆内的气流循环速度，可在材堆的旁边设置风机，这种操作叫作强制气干。强制气干是大气干燥法的发展。它和室干法的不同之处是在露天下或在稍有遮蔽的棚舍内进行，也不控制空气的温、湿度。它和普通气干法的不同之处是利用通风机在材堆内造成强制气流，以利于热湿传递。和气干法相比，周期较短，质量较好，但成本较高。根据风机在材堆中位置的不同，强制气干的方式可以归纳为下列几种（图1-7）。

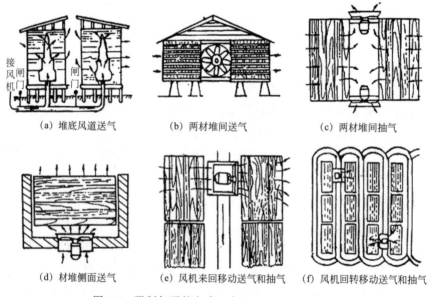

(a) 堆底风道送气　　　(b) 两材堆间送气　　　(c) 两材堆间抽气

(d) 材堆侧面送气　　(e) 风机来回移动送气和抽气　　(f) 风机回转移动送气和抽气

图1-7　强制气干的方式（自 LY/T 1069—2012）

当强制气干的气流循环速度为4m/s时，其干燥时间比普通气干约缩短1/2~2/3。在空气相对湿度小于90%，温度大于5℃时，空气的强制循环是有效的。但强制气干的成本比普通气干约高1/3，相对较高。强制气干法目前主要用以干燥各种箱板材、高级家具材、软木或水运木材等，特别是应用于难干燥的阔叶材和易变色的软阔叶材效果较好。

1.3.1.5 大气预干

在保证锯材干燥质量的前提下，将大气干燥和其他干燥方法联合使用，发挥大气干燥成本低、操作简单的优点，结合其他干燥方法干燥速度快的优势，取长补短，能获得令人满意的经济效果。生产上经常使用的两段干燥就是联合干燥的典型例子。所谓两段干燥，是指第一阶段在制材厂将锯材用气干至含水率20％；第二阶段由使用单位用其他干燥方法干燥至所需要的最终含水率。

联合干燥虽然增加了热量、电能消耗和装卸工作量，但在制材厂进行集中的大量干燥可以使干燥成本大为降低，也可以节约大量运输费用。同时可以看到，在第二阶段干燥时，由于缩短了干燥时间，降低了风速，节约了相当数量的电能。近年来有的工厂采用气干-室干联合干燥法对节约能耗和提高干燥室生产率都有明显效果，而且对提高干材终含水率的均匀度、减少皱缩、开裂、变形等也有一定效果。中国林业科学研究院木材工业研究所对毛白杨、水曲柳等11种木材进行了大量应用试验，使用联合干燥法可使室干周期显著缩短，一般平均可缩短40％～50％左右，这样可使干燥室的生产率提高30％～40％。另外，将初含水率为80％水曲柳材料，利用气干法预干至30％后入室干燥时，总能耗可减少50％。

联合干燥是降低能耗和干燥成本的有效方法。它兼有常规室干的效果、除湿干燥的简便，以及太阳能干燥的节能等多方面长处。联合干燥成功地解决了下述问题：常规室干能耗高；除湿干燥周期长，很难达到终含水率为10％以下，60mm以上的厚板芯部很难干透；太阳能干燥受气象条件的制约，蓄热设备昂贵，可靠性差等技术经济问题。

1.3.1.6 木材大气干燥的优点和局限性

（1）优点　除特别干燥、炎热的夏季外，大气干燥属低温慢速干燥。木材和空气的水分交换速度较慢。在木材含水率降至纤维饱和点以下后，不会因水分蒸发过快和产生过大应力而使木材产生严重的干燥缺陷；由于大气干燥速度较慢，中心部分和表层的含水率差别较小；在高温、高湿条件下，有的木材会因某些物质的氧化而变色，大气干燥时，可保持木材的原色；大气干燥用的是太阳能和风能，这就降低了干燥成本。

（2）局限性　干燥速度慢，尤其是干燥较厚的硬质材更慢。这会增大企业的不流动资金，不利于企业的资金周转；为了显著提高干燥质量，需要可观的费用，如整理气干场、加设顶盖等；占地面积较大；木材易遭虫、菌侵蚀；木材只能干到含水率13％～17％，因此不能直接用于制作家具、地板及室内细木工构件，影响商品材的销售，还需进行人工干燥。

1.3.2 常规室干

常规木材干燥是指以湿空气作干燥介质，以蒸汽、热水、炉气或热油为热媒，间接加热湿空气，湿空气以对流换热方式为主加热木材，干燥介质温度在100℃以下的干燥方法。

常规干燥过程中通过人为控制湿空气的温度和湿度，湿空气通过材堆，将热量传递给木材，同时将木材干燥处理的水分带走。常规干燥中又以蒸汽为热媒的干燥室居多数，一般简称蒸汽干燥。以炉气为热媒的常规干燥，在我国南方非采暖地区的中小型木材厂中占有相当的比例，由于它能处理厂内的木废料，又能降低干燥成本，故受到一些干燥量不太大的工厂的欢迎。土法建造的简易干燥室，在我国及一些不发达国家中，环境要求不高的地区仍较盛行。以热水为热媒的常规干燥，由于热水锅炉的价格比蒸汽锅炉低得多，故在一些不需要高温干燥，且干燥量不大的工厂应用量有上升的趋势。以热油为热媒的常规干燥，目前在国内外的应用相对较少。

与大气干燥法相比，常规室干具有以下优点：可根据被干燥木材的树种、厚度等调节成适宜的干燥条件，在短时间内进行合理的干燥；不需要很多库存料，加快了资金周转，市场适应性好；干燥周期较短，干燥质量好，干燥条件可灵活调节，便于实现装卸、搬运和机械化；干燥介质参数调节自动化，木材可干燥到任何终含水率。其缺点是设备和工艺较气干复杂，投资较大，干燥成本较高。

现在采用的先经过大气干燥，然后再进行人工干燥的办法，无论从经济观点还是从干燥质量来讲都是比较好的。对于难以干燥的硬质阔叶树和贵重木材，目前多采用这种办法。其具体工艺过程在后面的章节中详细介绍。

1.3.3　除湿干燥

除湿干燥和常规干燥的原理基本相同，也是以湿空气作干燥介质，湿空气以对流换热为主的方式加热木材。与常规干燥的区别是，常规干燥是以换气的方式降低干燥介质湿度，热损失较大；除湿干燥就是不把吸收了从木材表面蒸发的水分的湿空气排向室外，而是迫使它通过冷却器，先经冷却使部分水蒸气冷凝成水而排出，空气变干，再经加热而后流入材堆，干燥木材。即湿空气是在封闭系统内"冷凝—加热—干燥"往复循环。它依靠空调制冷和供热的原理，使空气冷凝脱水后被加热为热空气，再送回干燥室继续干燥木材。湿空气脱湿时放出的热量依靠制冷工质回收，又用于加热脱湿后的空气。

除湿干燥的优点是能够回收水蒸气的潜热，能量消耗显著低于常规室干，特别是在干燥过程的前期，干燥质量好，木材降等少，容易操作且不污染环境。缺点是干燥温度受到制冷剂的限制，一般较低，干燥缓慢，周期较长，特别是当含水率低于 20％时，由于采用电能，能源成本较高，一般无蒸汽发生器，难以进行调湿处理。

除湿干燥过程中，空气通过干燥室内的材堆时，吸收从木材表面蒸发的水分。湿空气先通过冷源，即蒸发器。在蒸发器内，湿空气中的水分被冷凝成液态水，然后，脱湿的空气再流过热源，即冷凝机，得到加热（图 1-8）。在空气的温度和相对湿度一定的情况下，除湿器的脱湿效率是不变的，即它的脱湿能力是一个很精确的数值。

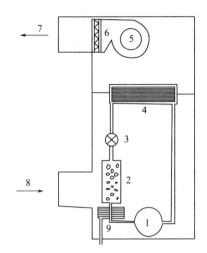

图 1-8　除湿干燥原理示意图（P. 若利，1985）
1—压缩机；2—冷凝装置（蒸发器）；3—释压装置（冷凝机）；4—加热器（冷凝机）；
5—风机；6—辅助加热器；7—干空气；8—湿空气；9—冷凝水排放管

1.3.4　太阳能干燥

太阳能干燥（solar drying）利用太阳辐射的热能加热空气，利用热空气在集热器与材堆间循环来干燥木材。太阳能虽然是清洁的廉价能源，但它是受气候影响大的间歇能源，因此干燥周期长，单位材积的投资较大，故太阳能的推广受限。为缩短干燥周期，太阳能干燥通常与其他能源如蒸汽、炉气及热泵等联合干燥，更多内容将在后面的章节进行介绍。

1.3.5　真空干燥

真空干燥（vacuum drying）是木材在低于大气压的条件下实施的干燥，其干燥介质可以是湿空气或过热蒸汽（superheated steam），但多数是过热蒸汽。真空干燥时，木材内外的水蒸气压差增大，加快了木材内水分迁移速度；同时由于真空状态下水的沸点低，可在较低的温度下达到较高的干燥速率，干燥质量好，特别适用于透气性好或易皱缩以及厚度较大的硬阔叶材。

近十几年来真空过热蒸汽干燥在丹麦、德国、法国、加拿大、日本等国已有工业应用，效果良好。但真空干燥设备投资大、电耗高，同时真空干燥容量一般比较小。目前我国真空干燥应用较少。

1.3.6　高频与微波干燥

高频电磁波一般是指波长为 $1000\sim7.5\text{m}$，相应频率介于 $0.3\sim40\text{MHz}$ 间的电磁波；而微波是指波长介于 $1\sim1000\text{mm}$ 之间，对应的频率为 $3\times10^5\sim3\times$

10^2MHz 的电磁波。在我国，常用微波加热设备（含木材微波干燥设备）的工作频率为 915MHz 和 2450MHz。

由于微波（高频）加热具有一系列的优点，美国、日本、加拿大、德国等国的学者在 20 世纪 60 年代初就开始研究利用微波（或高频）干燥木材，认为微波干燥木材是一种最有效的快速干燥方法。

木材是由复杂的多种有机高分子和一些无机物质所构成的不均匀复合体或复合电介质。在微波（或高频）干燥中，湿木料通常被看作一种置于微波或高频交变电磁场中的电介质，在频繁交变电磁场的作用下，木材中的极化分子，即木材中的极化水分子和木材物质非结晶区域存在的许多羟基等极性偶极子基团，随着高频交变电磁场方向的变化以每秒高达数亿次的速度迅速摆动，分子要随着不断变化的高频电场的方向排列就必须要克服分子原有的热运动和分子相互间作用的干扰和阻碍，产生类似于摩擦的作用，实现分子水平"搅拌"，从而产生大量的热，加热和干燥木材。

在常规干燥中，干燥介质主要通过对流或热传导的方式将热量传到木材表面，木材表面再以热传导的方式将热量传递到木材的内部，使得木材整体温度升高。这种加热方式效率较低，加热时间很长。而用微波或高频加热木材时，热量不是从木材外部传入，而是通过微波交变电磁场与木材中极性分子（主要为水分子）的相互作用而直接在内部发生。只要木料不是特别厚，木料沿整个厚度能同时热透，且热透所需时间与木料厚度无关。与常规干燥相比，微波干燥具有一系列的优点：干燥速度快，时间短；干燥质量好，节约木材；能量利用效率高；可直接用来干燥木质半成品。

1.3.7　红外线干燥

木材能吸收数量相当可观的红外线，这些红外线可使木材得到加热。红外线对木材的辐射深度越大，对木材的加热效果越好。试验结果证明，根据木材的树种和含水率，红外线对木材的最大辐射深度仅为 7mm。对落叶松、冷杉、云杉等针叶材的辐射深度一般为 5～7mm，松木为 3～4mm，山毛榉为 3mm，栎木仅 3mm。

木材被红外线辐射后，因分子振动而发热。此外，木材内层也会因热传导而升温。热能由外层向内层的传导速度很慢，所以，在红外线的辐射下，大量热能集中于木材表层。如果将厚材置于红外线辐射之下，木材表层和内层就会形成很大的含水率梯度。如果表层干燥过快，就会发生表面硬化和表裂等缺陷。所以，红外线只适用于干燥较薄的木材。

用红外线干燥实体木材的试验结果不理想，因此，这一干燥方法至今没有得到工业应用。

1.3.8　高温干燥

高温干燥（high temperature drying）与常规干燥的区别是干燥介质温度在100℃以上，一般在120～140℃。其干燥介质可以是湿空气，也可以是常压、高压过热蒸汽。高温干燥的优点是干燥速度快、尺寸稳定性好、干燥周期短，但高温干燥易产生干燥缺陷，如材色变深、表面硬化，不易加工。高温干燥一般用于干燥针叶材，目前在新西兰、加拿大、澳大利亚、美国、日本等国较盛行，如用于干燥辐射松、柳杉等建筑用材。

1.3.9　化学干燥

所谓化学干燥，有两种方法。一种是用化学吸湿剂吸收木材周围的空气中的水分，促进木材的干燥。实验室常用此法测定木材的含水率。另一种常用的方法是用化学品促进常规室干或大气干燥，以求改进干燥质量。

如果在湿材表面涂布水溶性化学品，则在涂有此化学品的地方，水蒸气分压就减小。在其他条件相同的情况下，化学品浓度越大，木材表面的水分排出得越快。这一现象的机理是：化学品溶解于木材所含的水分中，并从表层向中心扩散。化学品向木材内部的渗透减小了木材的尺寸变化和木材内部的含水率梯度，这就减小了木材因干燥而产生的内应力和表裂的危险，促进了木材的干燥。此外，木材是吸湿性材料，当它浸渍过化学品后，它的平衡含水率也会发生变化。一般情况下，浸渍材的平衡含水率要高于非浸渍材。

实际生产中，用于化学干燥的化学品溶液，其水蒸气分压一般相当于相对湿度为75%的空气。例如，氯化钠和尿素等。

用氯化钠等化学品的水溶液对木材进行处理，对促进木材的常规室干和大气干燥具有一定积极意义。但也不可忽视可能产生的副作用，即：

①　会改变木材的导电性能，在使用电测试仪时，必须考虑这一因素。

②　对干燥室的金属构件有腐蚀作用。

③　会改变木材的其他特性，特别是颜色。

④　会使干燥木材更易返潮增湿。

综上所述，木材的化学干燥在技术上有一定可取之处，但迄今为止，基本上没有得到应用。

1.3.10　压力干燥

这种干燥方法是20世纪80年代出现的一种木材干燥方法，它是将木材置于密闭的干燥容器内，一方面提高木材的温度，另一方面提高容器内的压力，使木材中的水分在较高温度条件下开始汽化与蒸发，从而达到干燥木材的目的。这种干燥方法的特点是：干燥质量非常好，干燥周期较短；但能耗较大，容器的容积较小，生产量不大；另外成材加压干燥（Pressure drying）后颜色变暗，在节子周围会出现较大裂纹；此种干燥方法的设备腐蚀问题、干燥工艺、干燥基准，有待进一步研究。

1.3.11　液体干燥

这是一种很少见的木材干燥方法。它是把湿木材放在嫌水性液体中，提高液体的温度，加热木材，使木材中的水分汽化和蒸发。这种液体的特点是不吸收木材中的水分，也不增加木材的湿度，干燥速度较快，设备简单、易于建造，工艺操作方便，但木材经过干燥后力学性能有所降低，不利于胶合和涂饰。常用的嫌水性液体有：石蜡油、硫黄等。

2 木材干燥的基础知识

2.1 木材学基础

木材是人们十分喜爱的材料，它是构成树木的主体。在目前这个原材料匮乏，价格上涨的时代，木材——唯一可再生的材料，将日益受到人类的重视并得到更广泛的应用。木材干燥过程中产生的很多缺陷，以及木材内部水分移动过程均与木材的组成结构有很大的关系，所以，了解木材的构造对掌握木材干燥意义深远。

2.1.1 木材的宏观构造

2.1.1.1 木材的定义

木材是构成树干、树枝及树根的主要部分的植物组织整体，是树木在许多年生长过程中形成的非均质材料。位于木质部和韧皮部之间的形成层通过细胞分裂周期性地向内生成木质部，向外生成韧皮部。每年新形成的木质部分布于树干的周围，构成边材。边材可贮存淀粉及其他养料。随着树木的生长，边材逐渐转变为芯材。芯材内不再有活的组织，也就是说，化学性质已稳定不变。但是，在天然或人为的气候条件下，会产生物理性质的变化。

在一个生长期中长成的木材称为一个年轮或一个生长层。这一层中先长成的叫早材。早材的细胞较大，木材密度较小，后长成的叫晚材，晚材的细胞较小，木材密度较大。

2.1.1.2 木材的组织结构

树木的年轮宽度、年轮的规则性，还有早材及晚材的比例等，对非均匀结构木材来说，都会影响木材的物理和力学性能，都是决定木材质量的因素。非均匀结构木材的早材和晚材的宽度比例及年轮宽度能决定木材的结构。如晚材比例小于早材，木材被称为轻质材；反之，则称作重质材。

针叶材（裸子植物的树木）和阔叶材（被子植物的树木）比较，早、晚材宽度和木材结构的关系相反。针叶材的早材较宽，是木材的主要部分；而非均匀结构阔叶材的晚材较宽，构成木材的主要部分。然而，不管是针叶材还是阔叶材，重质材的密度一般都比较大。许多树种的芯材和边材有显著区别。这是因为芯材除结构发生变化外，其化学成分也有了改变。芯材中的细胞已不再作为树液的输导器官，原来供树液上行的导管已或多或少被树脂或树胶所堵塞，并透入了单宁（鞣酸）（如图 2-1 所示）。树种不同，木材的芯材化程度及边材的宽度差别很大。即使树种相同，如产地不同，也有一定的区别。

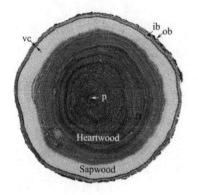

图 2-1　栎木的横截面组成（Alex，2010）
ob—外部树皮；ib—内部树皮；vc—维管形成层；
p—髓心；heartwood—芯材；sapwood—边材

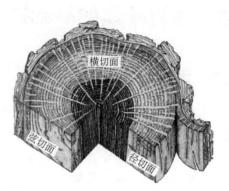

图 2-2　木材的三切面（Raven，1999）

2.1.1.3　木材的切面

　　木质细胞的排列不是平行于树干的轴心，就是垂直于树干的轴心，因此，木材的木质结构可分三个主要方向，轴向、径向和弦向（图 2-2）。

　　轴向，即树干的长度方向，也就是树干对称轴心的方向。垂直于轴向切割木材所得的切面为横断面，即木材端面；径向，即树干横断面（圆形）的直径方向，沿着该方向切割，即得对开材；弦向，垂直于径向，即生长年轮的切线方向。

2.1.2　木材的微观构造

　　绝大多数木材细胞都是由两部分构成的——细胞壁和细胞腔（图 2-3）。尽管成熟细胞功能的发挥依赖于细胞壁，不过细胞腔在细胞内水分传导和计算细胞的壁腔比中都不可忽略。

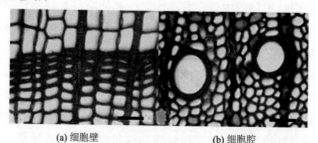

(a) 细胞壁　　　　　　　　(b) 细胞腔

图 2-3　细胞壁与细胞腔（横切面）（Alex，2010）

2.1.2.1 木材细胞壁

细胞壁在木材中发挥着至关重要的作用，与细胞腔不同，细胞壁的结构具有高度规律性。不同细胞之间，不同树种之间，甚至针叶材与阔叶材之间，其细胞壁结构都具有高度相似性。木材细胞壁主要由两部分组成——初生壁（primary wall）和次生壁（secondary wall）（图 2-4），每部分又由三种高分子化合物构成，分别是纤维素（cellulose）（有着特定的分布与构成形式）、半纤维素以及一定量的基体物质或结壳物质（通常在初生壁内为果胶，次生壁内为木质素）。三种化学成分总量约占木材的 90% 以上，是构成木材的主要化学成分。

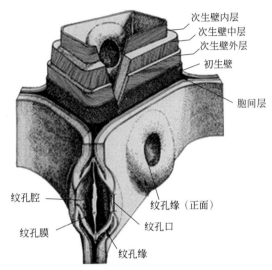

图 2-4　细胞壁分层结构示意图与具缘纹孔剖面图（Alex，2010）

2.1.2.2 纹孔

在木材中，关于细胞壁的种种讨论离不开这样一个问题——活树体的细胞之间是依靠细胞壁上的何种结构实现信息交流的。研究表明，这种结构为两个相邻细胞间细胞壁的凹陷部分，称之为纹孔对（pit-pairs）或者就称为纹孔（pit），它是木材结构的重要组成部分，是应用技术手段处理木材（阻燃、防腐、染色等）时不可忽略的影响因素。纹孔主要由纹孔膜（pit membrane）、纹孔口（pit aperture）和纹孔腔（pit chamber）三部分组成（图 2-4）。纹孔膜是纹孔形成时两个相邻细胞间剩余的初生壁部分，主要成分为碳水化合物（糖类），而非磷脂；纹孔口连接着细胞腔与纹孔腔，而纹孔腔则是纹孔内中空的部分。纹孔的类型、数量、大小以及在细胞壁上所占的相对比例可以作为识别某些木材的标志，这些因素在某些场合下还可进一步影响木材的材性，比如说影响木材表面与涂料间的相互作用，等等。

纹孔通常成对出现在两个相邻的细胞间。在相邻细胞的细胞壁上，纹孔的形成过程是分别进行的，但形成的部位却是相互对应的，这样形成的两个纹孔恰好能配成一对，即纹孔对。但某些细胞中，纹孔在形成时其相邻细胞对应的位置并没有另一纹孔的形成，最后只在一个细胞的壁上形成纹孔，这种纹孔称为盲纹孔（blind pit），在木材中不多见。在没有其他信息的情况下，纹孔的类型可以作为一个判别细胞类型的标志，此外，还能帮助预测细胞的行为表现，特别是在涉及流体渗透的场合下，纹孔发挥着重要作用。根据纹孔的结构，纹孔可分为三类：单纹孔（simple pit）、具缘纹孔（bordered pit）和半具缘纹孔（half-bordered pit），如图 2-6 所示。

具缘纹孔纹孔腔上方的次生壁呈拱形，而且纹孔口通常比较小，或者与纹孔腔呈现出不同的形状。纹孔腔上方呈拱形的次生壁称之为纹孔缘（border）（图 2-4 和图 2-5）。从正面看，具缘纹孔通常呈圆拱形，形状酷似面包圈，纹孔正中间有一个杏仁状的孔洞——纹孔口。在剖面图上，具缘纹孔像一对"V"字形，"V"字的开口端彼此相对（图 2-4

图 2-5　管胞间的具缘纹孔（Rubin，2010）

和图 2-5）。此时，"V"字形的轮廓就代表着纹孔缘、纹孔腔上方呈拱形的次生壁。具缘纹孔多出现在两个导管细胞间，其他细胞中也会偶尔出现，但通常都是一些厚壁细胞。

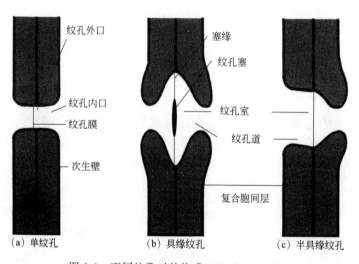

(a) 单纹孔　　　　　(b) 具缘纹孔　　　　　(c) 半具缘纹孔

图 2-6　不同纹孔对的构成（Mark，1967）

单纹孔没有纹孔缘，纹孔腔的宽度也不发生变化。相邻两个细胞的单纹孔在大小和形状上都是相同的。单纹孔通常存在于薄壁细胞间，从正面看，呈一个简单的圆孔形。

半具缘纹孔出现在导管细胞与薄壁细胞间，由一个单纹孔和一个具缘纹孔组成。单纹孔存在于薄壁细胞的细胞壁上，而具缘纹孔存在于导管细胞的细胞壁上。在活树体中，这种类型的纹孔具有重要意义，因为它连通了导管细胞和生命活动活跃的薄壁细胞。

2.1.3 针叶材的微观构造

针叶材（裸子植物的树木）的微观构造相对较简单，轴向或纵向组织主要由轴向管胞组成，此外还有少量的轴向薄壁细胞与树脂道；而横向组织，即木射线，主要由射线薄壁细胞组成（图 2-7）。

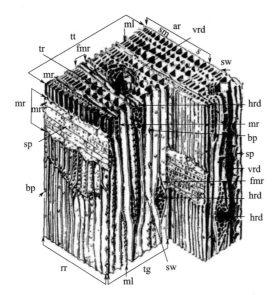

图 2-7　针叶材的结构（Rubin，2010）

ar—年轮；bp—具缘纹孔；fmr—纺锤型木射线；hrd—横向树脂道；
ml—胞间层；mr—木射线；mrt—射线管胞；rr—径切面；s—早材；sm—晚材；
sp—单纹孔；sw—次生壁；tg—弦切面；tr—管胞；tt—横切面；vrd—垂直树脂道

2.1.3.1 轴向管胞

轴向管胞（axial tracheid）呈细长型，通常长宽比在 100 以上，它是针叶树材的主要构成细胞，约占木材总体积的 90% 以上，同时起输导水分与机械支撑的作用。在横切面上（图 2-8），管胞沿径向排列，呈正四边形或长方形，早材管胞腔大壁薄，晚材管胞腔小壁厚。水分通过管胞尖端的具缘纹孔，流通于不同管胞之间。相邻两列轴向管胞并不是头对头脚对脚地整齐排列在一起，而是有 20%～30% 的错开。水分流经两管胞间的纹孔时，传导路径呈"之"字形，这是因为针叶材的纹孔膜具有很强的疏水性，水分很难通过，只能沿纹孔膜边缘的微孔通过，但微孔直径很小，这就降低了水分传导效率，不如阔叶材的导管效率高。

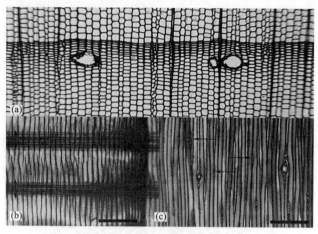

图 2-8　白云杉三切面显微照片（Alex，2010）
(a) 横切面；(b) 径切面；(c) 弦切面

2.1.3.2　轴向薄壁组织与树脂道

轴向薄壁细胞是针叶材中纵向排列的细胞，轴向薄壁组织是由众多轴向薄壁细胞聚集而成的。轴向薄壁细胞在大小和形状上与射线薄壁细胞很像，但它们彼此互相垂直，各自串联在一起形成各自的薄壁组织。在横切面上（图 2-9），轴向薄壁细胞经常与轴向管胞相混淆，但当其细胞腔内含有深色有机物质时便可轻易分辨出来。在径切面和弦切面上（图 2-9），轴向薄壁细胞呈长串状，且通常都含有深色内含物。轴向薄壁细胞在针叶材中仅少数科、属中单独具有，含量甚少或无，平均仅占木材总体积的 1.5%，仅在罗汉松科、杉科、柏科中相对含量较多，为该类木材的重要特征。在松科木材中除雪松属、铁杉属、冷杉属、油杉属及金钱松属等有时含有少量轴向薄壁细胞，或具树脂道树种在树脂道周围具有外，其余均不具有。

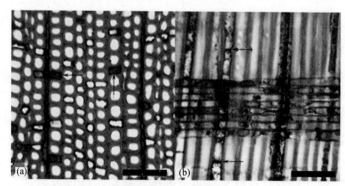

图 2-9　轴向薄壁组织显微图片（Alex，2010）
(a) 横切面；(b) 径切面

树脂道是由薄壁的分泌细胞环绕而成的孔道，是具有分泌树脂功能的一种组织，为针叶材的构造特征之一。当谈到树脂道及围成树脂道的薄壁细胞时，更准确的称谓应该为轴向树脂道或者横向树脂道。在松属木材中，其树脂道在横切面上用肉眼即可看见，但云杉属、落叶松属和黄杉属，其树脂道非常小，肉眼难以分辨，需借助放大镜才能看清。横向树脂道存在于特殊的木射线内，被称为纺锤形木射线，与普通的木射线相比，纺锤形木射线高而宽。通常，除上述几种针叶材外，其余树种不存在树脂道，但某些树种在受到较大损伤时会形成弦向排列的树脂道群，称为创伤树脂道。

2.1.3.3 木射线

在针叶树材的横切面［图 2-10（a）］上，除了轴向管胞和树脂道外，还能看到另一种细胞——射线薄壁细胞。射线薄壁细胞聚集成射线薄壁组织，在横切面［图 2-10（a）］上呈现一条自上而下贯通的黑色线条，但针叶材的射线薄壁组织欠发达，肉眼难以看见。射线薄壁细胞呈砖块状，通常约 $15\mu m$ 高，$10\mu m$ 宽，$150\sim250\mu m$ 长，沿径向排列［图 2-10（b）］。射线薄壁组织负责营养物质的合成、贮存及横向运输，此外，还负责水分的横向传导。在径切面上［图 2-10（b）］，射线薄壁组织像一面用砖砌成的墙，偶尔可见某些细胞充满着深色的内含物。在弦切面上［图 2-10（c）］，一个个射线薄壁细胞依次堆叠起来组成射线，其宽度方向只由一个细胞组成，称之为单列射线。

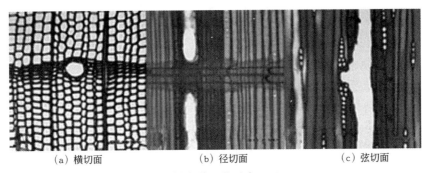

(a) 横切面   (b) 径切面   (c) 弦切面

图 2-10 云杉树脂道显微照片（Alex，2010）

射线薄壁细胞与轴向管胞相交而成的区域称为交叉场，此区域有专门的纹孔来连通轴向组织与横向组织。同一树种的交叉场纹孔在类型、形状、大小以及数量上通常具有一致性，可以作为识别该树种的一个标志。

2.1.4 阔叶材的微观构造

阔叶材（被子植物的树木）的微观构造与针叶材相比要复杂得多。纵向组织由各种类型的纤维细胞、不同尺寸及排列情况的导管细胞和样式繁多的轴向薄壁细胞组成。横向组织与针叶材一样，由射线组织构成，其射线组织亦是由射线薄壁细胞聚集而成的。但不同的是，阔叶材的射线在尺寸和形状上比针叶材更具多样性（图 2-11）。

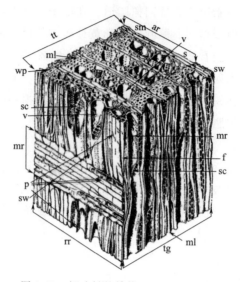

图 2-11　阔叶材的结构（Rubin，2010）

ar—年轮；f—纤维；ml—胞间层；mr—木射线；p—纹孔；rr—径切面；s—早材；sc—穿孔；
sm—晚材；sw—次生壁；tg—弦切面；tt—横切面；v—导管；wp—薄壁组织

2.1.4.1　导管

　　在传输水分及营养物质方面，阔叶材具有专门的结构——导管分子［图 2-12 （a）］，这是阔叶材所特有的，可作为阔叶材的识别标志。导管分子一个挨一个地连接在一起，构成导管系统。两个导管分子纵向相连时，端壁间相互连接的细胞壁称为穿孔板，其端壁相通的孔隙称为穿孔［图 2-12（a）］。因此，可看出阔叶树材负责水分传导的是相互贯通的管状结构（导管），而针叶树材的水分传导结构（管胞）不是完全贯通的。在横切面上，导管呈现出许多大小不等的孔眼，称为管孔。

　　导管直径差异性很大，小的能到 $30\mu m$ 以下，大的可达 $300\mu m$ 以上，但通常都分布在 $50\sim200\mu m$ 范围内。导管分子的长度比管胞要小，在 $100\sim1200\mu m$（$0.1\sim1.2mm$）范围内。导管分子的排列样式多种多样。在一个年轮内，若早晚材管孔大小基本一致，排列分散，则称此树种为散孔材；若早材管孔比晚材管孔大得多，则称此树种为环孔材。管孔的排列方式还可分为沿弦向、沿径向、簇状、星散状，或者这些类型的组合。此外，单个导管分子可以单独出现（单管孔），也可两两成一对（复管孔），甚至更多的管孔沿径向串成链（管孔链）或聚成团（管孔团）。穿孔可分为两大类型，单穿孔和复穿孔。单穿孔［图 2-12（b）］的穿孔板上只有一个大的开口，而复穿孔［图 2-12（c）］的穿孔板上有若干个小的开口，中间靠长条隔开。

　　不同导管分子间的横向交流是依靠导管分子端壁上的具缘纹孔实现的［图

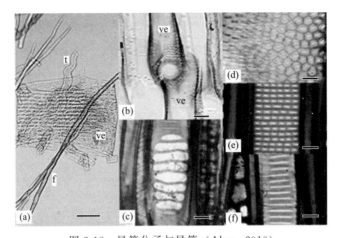

图 2-12　导管分子与导管（Alex，2010）
ve—导管；f—纤维；t—轴向薄壁组织
（a）导管；（b）单穿孔；（c）复穿孔；（d）互列纹孔；（e）对列纹孔；（f）梯状纹孔

2-12（d）～图 2-12（f）]。这些具缘纹孔的高度在 $2～16\mu m$ 之间，在导管壁上的排列形式有 3 种，梯状纹孔、对列纹孔和互列纹孔。梯状纹孔［图 2-12（f）］为长方形纹孔，它与导管长轴呈垂直方向排列，纹孔的长度常和导管的直径几乎相等；对列纹孔［图 2-12（e）］为方形或长方形纹孔，呈上下左右均对称的排列，呈长或短水平状对列；互列纹孔［图 2-12（d）］为圆形或多边形的纹孔，作上下左右交错排列，若纹孔排列非常密集，则纹孔呈六边形，类似蜂窝状，若较稀疏，则近似圆形。阔叶材绝大多数树种均为互列纹孔。

有些树种只存在一种类型的纹孔排列，而有些树种却能看到两种甚至三种。导管分子与射线薄壁细胞间的横向交流是依靠二者间的半具缘纹孔实现的，这些纹孔在大小和形状上与导管间纹孔相似或略大。

2.1.4.2　木纤维

阔叶树材的木纤维专司机械支撑，其长度比针叶树材的管胞（$200～1200\mu m$）要短，平均宽度为针叶树材管胞的一半，但通常是导管分子长度的 2～10 倍。木纤维细胞壁的厚度是决定木材密度和力学强度的主要因素。某些树种，如杨树、椴木、木棉树和轻木等，其木纤维细胞壁的厚度较小，受此影响，这些树种的密度和力学强度较低。而有些树种，如硬枫木、刺槐、绿心葳和钻石红檀等，其木纤维细胞壁厚度大，相应地，其密度和力学强度较高。阔叶树材的气干（含水率 12%）密度一般都在 $0.1～1.4g/cm^3$，而针叶树材的一般在 $0.3～0.8$ g/cm^3。木纤维细胞间的纹孔对多为单纹孔对或具缘纹孔对。管胞本是针叶树材的主要组成单元，但在某些阔叶中也能见到管胞的存在，如在蒙古栎、柳桉等木材的导管分子附近，就存在导管状管胞和环管管胞这两种阔叶树材管胞。阔叶树材中这些特殊的"木纤维"通常都具有具缘纹孔，腔大壁薄，并且比着正常的木纤维要短，同时起着支撑和传导作用。

2.1.4.3　轴向薄壁组织

在针叶材中，轴向薄壁组织很少出现甚至根本就不出现，即使出现也是存在于个别树种中，而且比较分散，但在阔叶材中，轴向薄壁组织较发达，排列形式也是多种多样。针叶树材和阔叶树材的轴向薄壁细胞在大小和形状上基本一致，而且发挥功能的方式也是相同的，唯一的区别就在于数量和排列方式上。根据轴向薄壁组织与导管加生的关系，阔叶树材中的轴向薄壁组织可分为两大类，傍管型和离管型。傍管型又可进一步分为环管状、翼状、带状。离管型也可再细分为星散状、带状、轮末状和轮始状。每个树种的轴向薄壁组织都有其独特的排列方式，可作为树种识别的重要标志。

2.1.4.4　木射线

阔叶材的木射线比针叶材要发达很多，排列形式更是多种多样。大多数阔叶树材，其木射线都是多列射线，但某些树种，如柳树、杨树、相思木等，其木射线却与针叶材的相像，为单列木射线。在橡树和硬枫树两树种中，既存在单列木射线，也存在高达 8 列以上的多列木射线，并且在橡木中，木射线的高度可达几厘米 ［图 2-13（a）］。大多数树种，其木射线都是 1～5 个细胞宽，不到 1mm 高

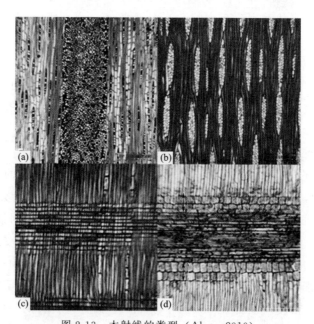

图 2-13　木射线的类型（Alex，2010）
（a）同型单列木射线（弦切面）；（b）同型多列木射线（弦切面）；
（c）同型多列木射线（径切面）；（d）异型木射线（径切面）

[图 2-13（b）]。阔叶树材的木射线同样由射线薄壁细胞组成，并且按其长轴与树轴所成的方向可分为横卧细胞和直立细胞。横卧细胞长轴与树轴垂直，水平排列，大小和形状与针叶材的射线薄壁细胞相似 [图 2-13（c）]。直立细胞长轴与树轴平行，垂直排列，长度比横卧细胞要小，某些甚至成方形。只由横卧细胞组成的木射线为同型射线，由横卧细胞和直立细胞共同组成的射线为异型射线，直立细胞的列数从 1～5 以上不等。

2.2　木材流体渗透性

渗透性和孔隙率之间的关系非常密切。孔隙率是固体中孔隙所占的空间百分比，而渗透性（permeability）是流体依靠压力梯度穿过多孔性材料难易程度的计量。显然，一个可渗透的固体必定是多孔性的，但并非所有多孔性的固体都是可渗透的，只有各孔隙空间有通道相互沟通才具有渗透性。木材虽然多孔，但渗透性却不那么大。即使空隙率大，空隙间的联络受到限制，则渗透性也会变小。木材的渗透性与木材内粗大的毛细管构造及与其联络的微毛细管构造的渗透性有关。

木材流体渗透性是指流体（液体与/或气体）在压力梯度下进入、通过和流出木材的难易程度。在木材非机械加工处理过程中，无论将流体注入木材如防腐、阻燃、浸提、改性、油漆和染色处理，或将流体自木材内排出如木材干燥和真空处理，都与木材流体渗透性密切相关。

2.2.1　流体在木材内的渗透

流体在木材内的渗透要满足两个基本条件：通道和动力。木材是一种天然的毛细管多孔材料，具有纹孔和细胞腔相互联结的空隙，流体在特定条件下，可以沿着这样的毛细结构运行于木材中，既可以自木材内排出，也可以从木材外注入。因此，流体在木材内流动的主要通道为纹孔对和细胞壁构成的大毛细管系统。

对于针叶树材，轴向管胞是其主要结构因子（占总体积的 90%～93%），彼此间依靠纹孔对相互连接，故可以认为针叶材的主要流通通道为流体穿过轴向管胞的具缘纹孔对进入到下一个紧邻的轴向管胞。

阔叶树材比针叶树材结构更为复杂，因为其化学组分组成了更多的细胞类型，最主要的是轴向输导组织，包含导管（55%）和木纤维（26%）。木纤维通常少纹孔，具厚壁；而导管分子主要通过开放的穿孔板相连通。另外，导管腔中的甲基纤维素（纤维素中的部分或全部羟基上的氢被甲基取代的产物，具有成膜性好、表面耐磨、贮存稳定的特点）和其他的堆积物也很大程度上控制着流体的渗透。因此，可以构建一个归纳的阔叶树木材流体流通通道：导管是阔叶树木材中最主要的开放流通通道，流体通过导管并经末端穿孔板到达下一个导管，除非它们被甲基纤维素或其他沉积物堵塞——此时，流体会从导管流向轴向薄壁组织、木纤维和木射线。

总之，针叶树木材的主要流通通道为彼此间通过纹孔对相互连通的管胞；阔叶树木材为彼此间通过穿孔板相互连通的导管。它们纵横向彼此连通，被统一视作串并联毛细管，共同组成了流体在木材内流入、经过和流出的主要通道。这种流体在木材真实毛细管中的流动或许可以被近似认为流体在串并联玻璃毛细管中流动的组合。

木材内流体的迁移可细分为两大类。第一类为质量流，即流体在静压梯度或毛细管压力梯度作用下，沿木材结构中孔隙网络的移动，其驱动力可认为是动量梯度密度，故有时又称为动量传输。第二类是扩散，扩散有两种：气体之间的扩散（包括水蒸气在细胞腔空气中的扩散）和细胞壁里结合水的扩散。质量流的实际应用有木材阻燃、防腐、防虫等的药剂加压处理，木材层积塑料生产中为后续聚合工艺进行的单体浸渍和木片的制浆化学药剂浸渍等；而扩散则出现于木材在气干或室干时以及水分由于季节相对湿度的变化而在建筑物外墙的木构件以及室内的木制品和家具里的移动。一种流体在木材里进行质量流的强弱取决于木材的渗透性。

2.2.2 影响渗透性的因素

木材自身的性质（如解剖构造、成分含量）、渗透流体的性质以及渗透工艺的选择都不同程度地影响着木材的流体渗透性。但最主要的影响因素还是木材自身的性质。

（1）与木材本身有关的影响因子 流体在木材内渗透的主要通道为纹孔对和细胞腔组成的大毛细管系统。木材毛细管结构对于流体输导有效性是各不相同的，其有效性的高低取决于流体可渗性有效毛细管半径和数量，有效毛细管半径越大、数量越多，则渗透性越高。因此，影响有效毛细管半径和数量的因素同时也是影响木材流体渗透性的因素。

a. 具有流体可渗透性平均有效管胞或导管半径及其单位面积上的数量，平均有效纹孔膜微孔半径或复合穿孔板穿孔半径及其单位面积上的数量。对于针叶树材，管胞及其之间的纹孔对是构成大毛细管系统的主要结构，其平均有效可渗透半径和单位面积上的数量，尤其是纹孔膜上的微孔半径和数量，直接影响着针叶树材的大毛细管可渗透性。相应地，阔叶树材中的导管及其之间复合穿孔板穿孔的有效半径和数量直接影响着阔叶树材的流体渗透性。

b. 纹孔闭塞。国外研究学者曾指出，对于气干材而言，当松科木材由生材状态开始水分干燥至纤维饱和点时，此时管胞腔内的自由水已基本上被蒸发排尽，于是便在起连通功能的管胞具缘纹孔对的纹孔室内形成了气-液弯月面，从而产生了毛细管张力。当弯月面移动至纹孔膜塞缘上的微孔时，由于塞缘上的微孔非常小（0.02~4μm），所产生的高毛细管张力可以使纹孔膜发生移动从而偏向纹孔室的另一端口，因而形成纹孔闭塞，降低了木材渗透性，增加了流体在木材内的浸注难度。

c. 抽提物含量高低与分布。木材抽提物的化学组成包括酚类、脂质、蜡状物、异构体和萜类化合物，抽提物成分、含量及其在木材中的分布都影响着木材的渗透性。如抽提物是否沉积在针叶树材管胞腔、阔叶树材导管腔以及纹孔膜的微孔而堵塞或阻碍流体渗透路径，从而降低木材的渗透性。芯材比边材渗透性低，部分原因是由于芯材含有较多的抽提物，并且覆盖了纹孔膜的微孔，从而造成了有效纹孔膜微孔半径的减小和数量的减少，降低了芯材的渗透性。

d. 细胞腔中树脂或树胶的含量与分布。树脂或树胶量少且分散，则流通通道顺畅，渗透性高。如落叶松渗透性差，其含有的丰富树脂就是主要原因之一，而且其芯材树脂含量高于边材，使得其芯材渗透性低于边材。

e. 木材含水率。鲍甫成等曾对马尾松、红松、泡桐等七个树种木材在不同含水率时的气体渗透性做过测定。试验方法是首先对气干试样（含水率约10%~12%）进行第一次渗透性测定，然后令其吸水至纤维饱和点以上，再进行第二次渗透性测定。结果发现所有树种的全部试样第一次测定值与第二次显然不同，统统是从低含水率时的高渗透性变成高含水率时的低渗透性，相差几十倍甚至几千倍，有些试样甚至变成完全不渗透，表明气体渗透性随着含水率的增高而减小。随着测定时间的延长，这些试样的气体渗透性由于试样中的水分在长时间的气体压力作用下逐渐被挤出，一度曾为水分所堵塞的气体渗透路径逐步被疏通，渗透性变得越来越高。由于木材中水分未能全部被挤出，所以渗透性虽变得越来越高，但并未恢复到原始状态。接着将试样进行低温（30℃）干燥，进一步除去试样中的水分使之恢复到原有的含水率状态，再进行第三次渗透性测定。试验表明，气体渗透性随着试样中水分进一步排出而得到进一步增大，不但恢复到原始状态，而且高于原始状态时的渗透值。由此可以认为在纤维饱和点以上，木材含水率对气体渗透性具有无可置疑的影响，随着含水率的增高木材气体渗透性减小。

至于在纤维饱和点以下，一些国外研究成果表明：阔叶树材含水率的多少并不影响渗透性，因为细胞壁微毛细管系统对气体是不可渗透的；但针叶树材渗透性却随着含水率的增加而减少，这是因为木材吸湿膨胀过程中，纹孔塞位置发生偏移而关闭了纹孔的关系。

除上述主要影响因素外，针叶树材树脂道中拟侵填体的存在以及阔叶材导管中侵填体的存在等也都影响着木材的流体渗透性。正是上述因素（除含水率）的共同作用，导致针叶材低渗透树种比阔叶材多、阔叶环孔材低渗透树种比散孔和半散孔材多。同一树种，纵向渗透性大于横向渗透性；边材渗透性往往大于芯材渗透性；弦向渗透性与径向渗透性及早材渗透性与晚材渗透性随树种而异。

（2）与渗透流体有关的影响因子　当渗透流体为液体时，木材渗透性与液体种类和极性、分子大小及构造、液体黏度和浓度等因素有关。一般来说，液体黏度越低，浓度越低，分子空间体积越小，极性参数与木材越相近，则越有利于液体渗透木材。当渗透流体为气体时，渗透性差异不大。通常氮气渗透略快，氧气略慢，而空气介于两者之间。

（3）与渗透工艺有关的影响因子　与渗透工艺有关的影响因子主要有温度、压力和渗透时间等。一般地，升高温度可降低液体黏度从而加速液体在木材内的渗透速度；施加压力和延长渗透时间都可不同程度地提高木材渗透性。

2.2.3　改善渗透性的具体方法

改善木材渗透性作为木材干燥的预处理阶段，对整个干燥过程有着重要的意义。它不仅能加快木材干燥速度，缩短干燥周期；还能减少干燥缺陷（如皱缩）的产生，提高木材干燥质量。改善木材的流体渗透性要从木材流体渗透性的影响因素出发，运用一定的方法手段消除或缓解这些因素对木材的影响，提高木材的流体渗透性。木材渗透性的主要影响因素为木材本身的性质，而且作为木材干燥的一项预处理，改善木材的渗透性也只能从改善流体渗透通道（大毛细管系统）通透性出发，寻找适合的方法手段。下面将列举几种具体的改善措施。

（1）微波干燥法和高温干燥法　利用高强度微波辐射和高温使木材内水分快速汽化形成向外扩散的蒸气压，作用于细胞内壁及纹孔膜，从而冲破薄弱组织，产生额外流体渗透通道，从而增加木材的流体渗透性。研究表明，微波干燥法既增加了渗透通道，又使抽提物含量减少，从而大大提高了木材渗透性；且此法能降低木材内部应力，使力学性能得以改善。

（2）水热处理和蒸汽爆破处理　水热处理是用水蒸煮或用不同压力及温度的饱和水蒸气处理木材。经蒸汽热处理的木材导管壁上的纹孔膜出现了不同程度的破裂，甚至形成空洞，渗透性能得到了较明显的改善。饱和蒸汽还能够溶解木材中一些抽提物，进一步改善木材渗透性。蒸汽爆破处理主要是利用蒸汽压力使纹孔缘与细胞壁、纹孔塞与塞缘和交叉场纹孔出现裂痕或裂隙，从而使木材的渗透性得以提高。有人对板材进行了蒸汽爆破预处理，渗透性得到了不同程度的提高，而且蒸汽爆破处理的压力越大、处理温度越高、板材厚度越薄和爆破次数越多，渗透性增加就越大。

（3）微生物处理和酶处理　微生物处理利用细菌或真菌等微生物对木材薄壁组织及纹孔膜进行侵蚀，拓宽木材流体渗透通道，从而提高木材渗透性，它包括细菌处理法和真菌处理法。细菌侵蚀处理也称作水存处理，将木材贮存于贮木池中，池水里的细菌会对木材细胞的纹孔塞和具缘纹孔膜结构及射线薄壁细胞造成分解或降解，增加其孔隙，从而改善木材的渗透性。真菌处理木材是在木材上接种真菌的孢子，真菌会侵入木材，其菌丝穿过细胞腔向木材内部扩散，并且分泌酶，这些酶可以降解纹孔膜的组分，打通闭塞的纹孔，提高木材的孔隙度，从而提高木材的渗透性。

酶处理是在木材上接种选定的酶，酶会降解纹孔膜及纹孔塞的主要成分，打通闭塞的纹孔，提高木材的渗透性。不过目前阻塞纹孔物质的化学成分还没有得到确定，酶种的选取不够明确；酶溶液只有扩散到芯材、边材交界处才能获得较好的处理效果，但化学物质在木材中自由扩散受到很大的限制，要采用很高的压力才能获得很好的扩散效果。因此酶处理法在工业上的应用存在局限性。

（4）溶剂置换法和冷冻干燥法　溶剂置换法是利用低表面张力的有机溶剂（如酒精）置换生木材内的自由水。一方面使木材纹孔保持生材时的状态，减少纹孔闭塞，从而使干燥后的木材，特别是边材保持较高的渗透性；另一方面通过溶解一部分抽提物，提高木材，尤其是芯材的渗透性。冷冻干燥是将木材放入0℃以下的环境中，让水结成冰，并在此环境下让冰直接升华成水蒸气，从而实现干燥木材的目的。冷冻干燥避免了常规木材干燥过程中气-液界面的出现，消除了表面张力，降低了纹孔闭塞率，从而提高了木材的渗透性。

（5）化学法　化学法是采用水、碱溶液或一些有机溶剂等，溶解或侵蚀阻碍流体渗透性的成分或要素，以改变纹孔闭塞率。研究证明，木材经冷水、热水、1%NaOH溶液和苯-乙醇抽提，渗透性都有明显提高，碱和苯-乙醇抽提效果最明显。苯乙醇浸提不仅使渗透性得到明显改善，而且还可以增加渗透的均匀性。

（6）超临界流体处理法　所谓超临界流体（supercritical fluid，SCF），就是指超过临界温度（T_c）和临界压力（P_c）状态下的非凝结性的高密度流体，是介于气体和液体之间的流体，同时具有液体和气体的双重性。超临界流体的密度和液体接近，黏度与气体相当，扩散系数比液体大 10～100 倍。由于二氧化碳的临界温度（31.1℃）是文献上介绍过的超临界溶剂临界温度最接近室温的，可在室温附近实现超临界流体技术操作，以节省能耗；其临界压力（7.39MPa）也比较适中，设备加工并不困难；同时，超临界 CO_2 密度大，对多种溶质具有较大的溶解度，而水在 CO_2 中的溶解度却很小；此外，CO_2 具有传质速率高、易得、无毒、不燃烧、化学稳定性好以及极易从萃取产物中分离出来等一系列优点，因此当前绝大部分超临界流体都以 CO_2 为溶剂。

超临界 CO_2 流体处理法，就是利用超临界 CO_2 流体的高溶解性溶解木材中的影响渗透的部分抽提物，借助快速的压力变化及高压作用破坏纹孔闭塞，以形成顺畅通道；同时利用超临界 CO_2 流体的高扩散性，快速实现流体在木材中的渗透。在超临界 CO_2 流体中加入少量的携带剂，以进一步提高其对抽提物的溶解性，可更好地提高流体在木材中的渗透性。

（7）超声波法　超声波频率高、功率大，可以引起液体的疏密变化，这种变化使液体时而受压，时而受拉。由于液体受拉的能力很差，因此在强的拉力作用下，液体会发生断裂，从而产生小空穴，声波的稀疏阶段使小气泡迅速长大，然后在声波压缩阶段中，小泡又突然被绝热压缩至破灭和分裂，在破灭过程中，小泡内部可达几千摄氏度高温和几千个大气压的高压，并且由于小泡周围液体高速冲入而形成强烈的局部冲击波，这就是液体内部的超声空化作用。

利用超声波空化效应产生的局部冲击波，对存放在液体介质（如水）中的木材（通常为湿材）进行作用，能够促进木材抽提物的溶出，打通木材内部流体流动通道，提高木材对流体的渗透性。

2.3　与干燥有关的木材物理性质

2.3.1　木材中的水分

一棵活树，其根部的细胞不断地从土壤中吸收水分，经过木质部的管胞（针叶材）或导管（阔叶材）输送到树叶，树叶中的水分一部分用于蒸腾作用，另外一部分参与光合作用。树木中的水分既是树木生长必不可少的物质，又是树木输送各种营养物质的载体。根部不间断地把土壤中的水分输送到树叶，所以树干中含有大量水分。活树被伐倒，并锯制成各种规格的锯材后，水分的一部分或大部分仍然保留在木材内部，这就是木材中水分的由来。

木材是一种具有多孔性、吸湿性的生物材料，当木材周围的大气条件发生变化时，其含水量也会随之发生变化。木材与水分之间的关系是木材性质中最重要的一部分，木材中水分含量的多少在一定范围内影响木材的物理力学性质以及机械加工性能。

2.3.1.1　木材中水分的存在状态

木材是由无数的中空细胞集合而成的空隙体。木材中的水分按其与木材的结合形式和存在的位置，可分为化合水、吸着水和自由水三种。如图 2-14 给出了木材中水分存在状态和存在位置。

化合水存在于木材化学成分中，它与组成木材的化学成分呈牢固的化学结合，一般温度下的热处理是很难将它除去的，且数量很少，可以忽略不计。因此，对干燥有意义的主要是自由水和吸着水。图 2-15 给出了生材和干材内部水分存在的两种状态。

自由水是指以游离态存在于木材细胞的胞腔、细胞间隙和纹孔腔这类大毛细

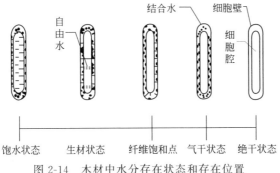

图 2-14　木材中水分存在状态和存在位置

管中的水分，其性质接近于普通的液态水。理论上，毛细管内的水均受毛细管张力的束缚，张力大小与毛细管直径大小成反比，直径越大，表面张力越小，束缚力也越小。木材中大毛细管对水分的束缚力较微弱，水分蒸发、移动与水在自由界面的蒸发和移动相近。自由水多少主要由木材孔隙体积（孔隙度）决定，它影响到木材重量、燃烧性、渗透性和耐久性，对木材体积稳定性、力学、电学等性质无影响。

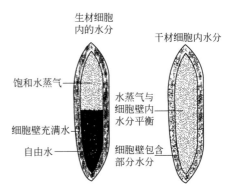

图 2-15　生材和干材内部水分存在的两种状态（Haygreen，1996）

吸着水是指以吸附状态存在于细胞壁中微毛细管的水，即细胞壁微纤丝之间的水分。木材胞壁中微纤丝之间的微毛细管直径很小，对水有较强的束缚力，除去吸着水要比除去自由水消耗更多的能量。吸着水多少对木材物理力学性质和木材加工利用有着重要的影响。木材生产和使用过程中，应充分关注吸着水的变化与控制。

2.3.1.2　木材的含水率及测量

（1）木材含水率的定义

木材中水分含量多少是用含水率或含水量来表示的。即用木材中水分的质量与木材质量之比的百分数的方式表示。根据计算基准的不同，木材含水率可分为绝对含水率和相对含水率两种。

如果用木材所含水分的质量占其绝干材质量的百分率表示，称为绝对含水率。

木材绝对含水率：

$$MC = \frac{G_湿 - G_干}{G_干} \times 100\%　\qquad (2-1)$$

式中　$G_{湿}$——木材湿质量，g 或 kg；

　　　　$G_{干}$——木材绝干质量，g 或 kg。

如果用木材所含水分的质量占其湿材质量（或木材原来的质量）的百分率表示，称相对含水率。

木材相对含水率：

$$MC_0 = \frac{G_{湿} - G_{干}}{G_{湿}} \times 100\% \qquad (2\text{-}2)$$

木材干燥生产中通常多用绝对含水率，相对含水率只在个别情况下才采用。因为绝干材质量固定，便于比较，而木材湿材质量（或木材原质量）会随时在变化，不宜作互相比较用。

（2）含水率的测量

①称重法　是最传统、最基本的木材含水率测定方法。我国林业行业标准及国家标准中都规定以称重法测量的含水率为准。称重法是进行基础性试验研究和校正其他测定方法的依据。

按照国家标准 GB/T 6491—2012 规定，在湿木材上取有代表性的含水率试片（厚度一般为 10～12mm），所谓代表性就是这块试片的干湿程度与整块木材相一致，并没有夹皮、节疤、腐朽、虫蛀等缺陷。一般应在距离锯材端头 250～300mm 处截取。将含水率试片刮净毛刺和锯屑后，应立即称重，之后放入温度为（103±2)℃的恒温箱中烘 6h 左右，再取出称重，并作记录，然后再放回烘箱中继续烘干。随后每隔 2h 称重并记录一次，直到两次称量的质量差不超过0.02g 时，则可认为是绝干。称出绝干后，代入公式（2-2）计算即可。

用称重法测量木材含水率准确可靠，且不受含水率范围的限制。但测量时需要截取试样，破坏木材，且耗时长，操作烦琐。由于薄试片暴露在空气中其水分容易发生变化，因此，测量时要注意截取试片后或取出烘箱后应立即称重，如不能立即称重，须立即用塑料袋包装，防止水分蒸发。

②电测法　是根据木材的某些电学特性与含水率的关系，设计成含水率测定仪直接测量木材含水率的方法。依据木材电学特性的不同，电测法可分电阻式含水率测定仪测定和介电式含水率测定仪测定两种。电测法测量方便、快速，且不破坏木材，但测量范围有限。电测法详见 3.2.3.3 所述。

2.3.1.3　木材的纤维饱和点

当木材细胞腔中的自由水蒸发完毕，而木材细胞壁中的吸着水处于饱和状态时木材的含水率叫木材的纤维饱和点。

纤维饱和点是木材性质的转折点，木材的强度、收缩性能，以及导热、导电性能等都与其密切相关。当木材含水率高于纤维饱和点时，木材强度和导电性不受影响，木材收缩或膨胀亦不会发生；当木材含水率低于纤维饱和点时，则随含水率的减小而木材的导电性减弱，强度和收缩增大；反之，随着含水率的增加，则木材的膨胀增大，强度降低，导电性能增强。纤维饱和点随树种与温度而不同，就多种木材来说，在空气温度约为20℃、空气湿度为100%时，纤维饱和点对应的含水率平均值为30%，变异范围为23%～33%。随着温度的升高，木材纤维饱和点降低，温度每升高1℃，木材纤维饱和点降低0.1%，其表达式可以表示为：

$$M_{FSP} = 0.3 - 0.001(t-20) \qquad (2\text{-}3)$$

式中　M_{FSP}——纤维饱和点；

　　　　t——温度℃。

这说明温度越高，木材从饱和空气中吸湿的能力越低。纤维饱和点与木材利用关系十分密切，它是木材材性变化的转折点已被大家公认。图2-16中给出了木材细胞腔中水分分布理想状态。

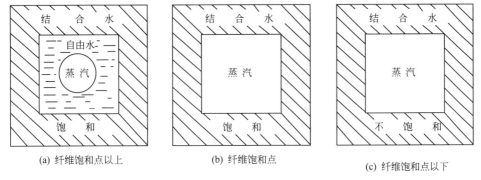

(a) 纤维饱和点以上　　　　(b) 纤维饱和点　　　　(c) 纤维饱和点以下

图2-16　木材细胞腔中水分分布理想状态

2.3.1.4　木材的平衡含水率

（1）木材的吸湿性　木材是一种吸湿性的材料。当空气中的蒸汽压力大于木材表面水分的蒸汽压力时，木材自外吸收水分，这种现象叫吸湿；当空气中的蒸汽压力小于木材表面水分的蒸汽压力时，木材向外蒸发水分，这种现象叫解吸。木材的吸湿和解吸统称为木材的吸湿性。吸湿性不等同于吸水性，前者指的水分存在于木材的细胞壁，而后者指的水分还包括自由水。

木材的吸湿机理包括：一是木材细胞壁中极性基团（主要为羟基，通过形成氢键）对水分的吸附（为木材吸湿的主要机理）；二是在吸着环境的相对湿度很高时，由Kelvin公式确定的细胞壁毛细管系统产生凝结现象。

当木材在一定的相对湿度和温度的大气环境中，随着时间的延续，含水率逐渐由高变低，最终达到一个恒定不变的含水率称为木材解吸稳定含水率$MC_{解}$；

若含水率逐渐由小增大，最终达到一个恒定不变的含水率称为木材吸湿稳定含水率 $MC_{吸}$，如图 2-17 所示。对于木材来说，在一定的大气条件下，吸湿稳定含水率总要比解吸稳定含水率低，这种现象称之为木材的吸湿滞后。不同条件下木材的吸湿与解析及吸湿滞后如图 2-18 所示。吸湿滞后的值用 ΔMC 来表示，吸湿滞后数值的变异范围在 1%～5%，平均值为 2.5%。

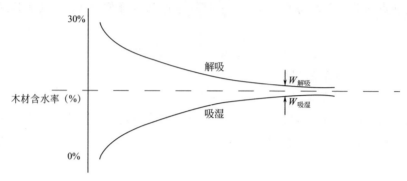

图 2-17　木材的解吸与吸湿

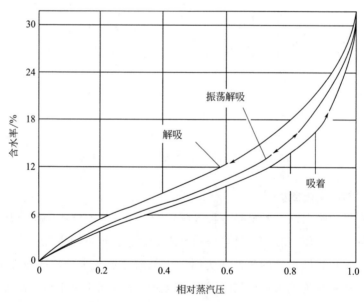

图 2-18　不同条件下木材的吸湿与解析及吸湿滞后（Stamm，1964）

（2）木材的平衡含水率的定义　当木材在一定的相对湿度和温度的大气环境中，吸收水分和散失水分的速度相等，即吸湿速度等于解吸速度，这时的含水率称为木材的平衡含水率（EMC）。

在实际生产中，气干锯材的吸湿滞后值不大，可以忽略不计。因此一般气干锯材的平衡含水率可粗略地认为：$EMC = MC_解 = MC_吸$。

木材平衡含水率是制订干燥基准，调节和控制干燥过程，所必须考虑的问题。木材干燥最终的含水率为多少适宜，要根据使用地区的平衡含水率来确定。通常情况下取木材终含水率为：

$$MC_终 = EMC - 2.5\% \tag{2-4}$$

在特定环境中，木材的平衡含水率会随着不同树种，同一树种的不同部位（如芯边材），木材的组分（如抽提物）的不同而出现一定的差异。除了木材本身的组分之外，湿度、温度、吸湿历史等其他因素也会影响木材的平衡含水率。

（3）木材平衡含水率的确定　木材平衡含水率的确定方法有：气象资料法、图表法、称重法和电测法。下面主要介绍图表法及电测法。

① 图表法　根据木材所处环境的温、湿度，由图 2-19 或附录 1 直接查得。

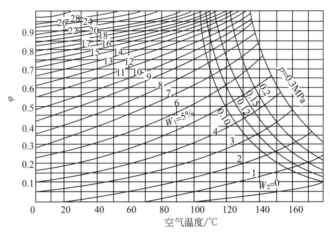

图 2-19　木材平衡含水率图（自 Шубин，1983）

② 电测法　直接采用平衡含水率测量装置测量。这种测量装置可与电阻温度计一起装在干燥室内，用来代替传统的干、湿球温度计，测量并控制干燥介质状态，尤其适用于计算机控制的干燥室。即计算机根据所测的木材含水率和干燥介质对应的平衡含水率，按基准设定的干燥梯度来控制干燥过程。但是由于电测法是靠电阻的大小来衡量含水率多少的，只有当含水率处于 $6\% \sim 30\%$ 之间才能用。

木材在使用过程中，室内与室外环境中使用的木材的平衡含水率会随着时间的变化而发生改变，我国不同地区的平衡含水率可通过附录 2 得到。

2.3.2　木材的密度与干缩

2.3.2.1　木材的密度

木材的密度为单位体积木材的质量，单位为 g/cm^3。木材密度是木材性质的一项重要指标，直接影响到木材的物理、力学等性质。密度越大，干缩系数也越大。就干燥工艺而论，密度较大的木材较难干燥。

根据木材中水分状态的不同，常用的有气干材密度、绝干材密度和基本密度。

① 气干材密度 ρ_q　是木材含水率为12％时的质量 G_{12} 与体积 V_{12} 之比。气干材是木材长期在一定大气环境中放置的木材，我国国标将气干材的含水率定为12％。

$$\rho_q = \frac{G_{12}}{V_{12}} \tag{2-5}$$

② 绝干材密度 ρ_0　是木材经过温度在103℃左右的烘箱中干燥到其质量不再变化时的木材，认为其含水率为0，木材的绝干材密度则是绝干状态下木材的质量 $G_干$ 与其体积 $V_干$ 之比。

$$\rho_0 = \frac{G_干}{V_干} \tag{2-6}$$

③ 基本密度 ρ_j（公定密度）　是木材试样绝干质量 $G_干$ 与试样饱和水分时的体积 $V_湿$ 之比，就是说密度计算时质量与体积对应着木材的不同含水率状态。

$$\rho_j = \frac{G_干}{V_湿} \tag{2-7}$$

以上三种密度，一般以基本密度为木材材性的依据。因为绝干材的重量和饱和水分时的木材体积都比较固定，所以在实验室常用作判断木材重量和相互比较性的指标。但在生产上多采用木材气干密度。

2.3.2.2　木材的干缩和变形

木材的干缩与湿胀是木材的重要性质，是导致木材尺寸不稳定的根本原因，影响着木材及木制品的正常使用。如干缩会导致木制品尺寸变小而产生缝隙、翘曲甚至开裂；湿胀不仅增大木制品的尺寸，使地板隆起、门窗关不上，而且还会降低木材的力学性质。但对于木桶、木盆及木船等，木材的湿胀有利于这些木制品的张紧。

木材干缩湿胀的现象为在绝干状态和纤维饱和点含水率范围内，由于水分进出木材细胞壁的非结晶领域，引起的非结晶领域的收缩或湿胀，导致细胞壁尺寸变化，最终木材整体尺寸变化的现象。一般认为木材干缩湿胀时只是木材细胞壁尺寸的变化，木材细胞腔的尺寸不变。木材之所以会干缩湿胀，是因为木材是一种多孔性毛细管胶体，具有黏弹性；而且木材细胞壁主成分分子上具有羟基等极性基团，能与水分子之间形成氢键，其吸湿和解吸过程伴随着能量的变化。

（1）木材干缩的各向异性　木材的干缩湿胀在不同纹理方向上是不同的（图2-20），因此，木材的干缩率可以分为线干缩率和体积干缩率。木材线性干缩又可分为顺纹理方向和横纹理方向（径向和弦向）的干缩（图 2-21）。经试验测定，对于大多数树种来说，木材顺纹方向干缩率很小，为 $0.1\%\sim0.3\%$；径向干缩率为 $3\%\sim6\%$；弦向干缩率为 $6\%\sim12\%$。可见，三个方向上的干缩率以轴向干缩率最小，通常可以忽略不计，这个特征保证了木材或木制品作为建筑材料的可能性。但是，横纹干缩率的数值较大，若处理不当，则会造成木材或木制品的开裂和变形。

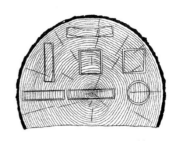

图 2-20　不同部位木材变形类型（Glass，2010）

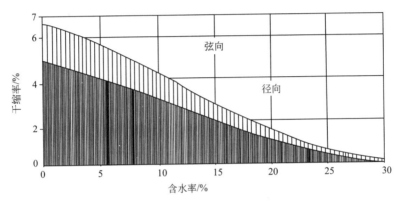

图 2-21　含水率梯度引起的干缩湿胀（Glass，2010）

（2）木材干缩与变形　在实际生产中，通常采用干缩率和干缩系数两个参数来定量表述木材的干缩程度。

干缩率包括气干干缩率和全干干缩率。木材从生材或湿材状态自由干缩到气干状态，其尺寸和体积的变化百分比称为木材的气干干缩率；而木材从湿材或生材状态干缩到全干状态，其尺寸和体积的变化百分比称为木材的全干干缩率。

利用公式（2-8）和（2-9）可分别计算出从湿材到全干时的全干干缩率和体积干缩率。

$$\beta_{max} = \frac{L_{max} - L_0}{L_{max}} \times 100\% \qquad (2\text{-}8)$$

式中　β_{max}——试样径向、弦向或纵向的全干干缩率，%；

　　　L_{max}——试样含水率高于纤维饱和点时的径向、弦向或纵向尺寸，mm；

　　　L_0——试样全干时径向、弦向或纵向尺寸，mm。

$$\beta_{V_{max}} = \frac{V_{max} - V_0}{V_{max}} \times 100\% \qquad (2\text{-}9)$$

式中　$\beta_{V_{max}}$——试样的体积全干干缩率，%；

V_{max}——湿材的体积，mm^3；

V_0——试样全干时的体积，mm^3。

干缩系数是指纤维饱和点以下吸着水每减少 1% 的含水率所引起的干缩的数值（%），用 K 来表式。弦向、径向、纵向和体积干缩系数分别记为 K_T、K_R、K_L 和 K_V。利用干缩系数，代入公式（2-10）可以算出纤维饱和点以下和任何含水率相当的木材干缩的数值。

$$Y_W = K(30 - W) \tag{2-10}$$

式中　Y_W——指定含水率下的干缩数值，%；

K——干缩系数，%；

W——指定木材含水率，%。

木材弦向干缩与径向干缩的比值称为差异干缩。干缩率的大小是估量木材稳定性好坏的主要依据；差异干缩是评价木材干燥时，是否易翘曲和开裂的重要指标。差异干缩率值愈大，木材愈易变形、开裂。根据木材差异干缩的大小，大致可决定木材对特殊用材的适应性，木材的干缩系数与木材的密度也有很大的关系（附录3）。

2.4　木材内部水分移动

2.4.1　木材内部水分移动通道

对应于木材中水分形态的多样性，木材中水分的移动形式也是多种多样的，其中包括基于压力差的毛细管中的移动，基于浓度差的扩散，自由水在细胞腔表面的蒸发和凝结，以及细胞壁中结合水的吸着和解吸。

针叶树材中水分或其他流体的路径主要是由管胞内腔和具缘纹孔对组成的毛细管体系，另外纤维方向上的垂直树脂道，射线方向上的射线管胞的内腔和水平树脂道也是流体的移动路径。具缘纹孔对位于相邻的管胞之间，由纹孔缘、纹孔腔和纹孔膜组成。纹孔缘的开口部位称为纹孔口。纹孔膜的中间增厚的部分称为纹孔塞，一般呈圆形或椭圆形。水分不能透过纹孔塞，而是通过纹孔塞周围的呈网状的塞缘。纹孔塞和纹孔缘组成纹孔孔膜。当木材芯材化或是进行干燥的过程中，纹孔塞移向一侧的纹孔口，形成闭塞纹孔，阻碍水分或流体的移动（如图2-22）。

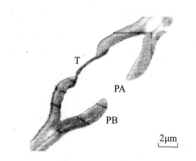

图 2-22　在短叶松（*pinus echinata*）芯材的早材导管之间的闭塞具缘纹孔对，纹孔塞 T 紧贴在纹孔缘 PB 上，呈凹陷状（siau，1984）

阔叶树材中水分或其他流体的移动路径主要是导管，另外还包括管胞、导管状管胞等。阔叶树材的导管上具有穿孔，所以在纤维方向上水分可以通过穿孔从一个导管进入纵向邻接的另一个导管。横向上，水分可以通过导管壁上的纹孔移动。阔叶树材的导管中经常含有侵填体，这是阻碍木材中水分的移动的重要因素。另外，闭塞纹孔以及纹孔膜上抽提物的存在也是常见的影响水分移动的因素。在具有这些特征的木材中，水分的主要移动途径是扩散，干燥不容易进行。例如，红衫、橡木和胡桃木的芯材几乎无法渗透。一般，所有树种的边材都是可以渗透的。

2.4.2 毛细管张力对木材大毛细管内水分移动的作用

木材干燥初期，木材内部被水分饱和，只有在含有自由水的毛细管的两端存在压力差即毛细管张力（capillary tensile force）的情况下，自由水才移动，所以了解毛细作用对木材干燥过程中大毛细管内水分移动的影响有很重要的作用。图 2-23 给出了木材内部自由水蒸发的过程。

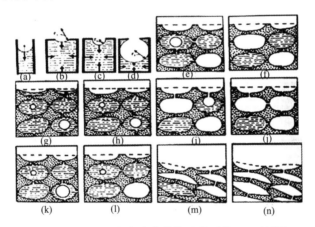

图 2-23　木材内部自由水蒸发过程（Skaar，1972）

如图 2-23 所示，（a）表示木材毛细管内水分的受力情况，由于毛细作用，水-空气界面上的表面张力对毛细管内部水分产生一个向上的拉力（向上的箭头表示）。当处于平衡状态的时候，毛细管内部水分会产生一个大小相等而相反的力而达到平衡（向下的箭头），水作用在毛细管壁和分界面上的拉力方向向内。在绝大多数情况下，由于水分的重量相比毛细管张力小很多，所以水分的重量可以忽略。

干燥初期，毛细管表面的自由水开始在其弯月面向空气中蒸发［图 2-23（b）］，此时弯月面的曲率半径 r_i 比较大，所以此时的毛细管张力比较小。随着干燥的进行，木材内部的水分继续蒸发，曲率半径继续减小，当曲率半径减小到毛细管口大小的时候［图 2-23（c）］，曲率半径不再减少。此后，随着干燥的继续进行，毛细管内部水分继续蒸发，曲率半径反而变大，毛细管张力也相应变小

［图 2-23 (d)］。从图 2-23 中可以看出，当曲率半径与毛细管口半径大小一样的时候，毛细管张力达到最大［图 2-23 (c)］。

图 2-23 (e) 到图 2-23 (l) 给出了生材干燥过程中，毛细管内部水分移出过程。最初，木材内部空腔，除了有两个不同大小的空气泡外，大部分被水填充［图 2-23 (e)］。此时，干燥只在暴露在空气中的木材表面进行，细胞其余三部分都被封闭。当大毛细管水通过敞开的细胞蒸发出去，空气-水分界面上即形成一个个凹的弯月面，开始阶段由于弯月面的半径较大，故毛细张力较小。

当表层细胞腔里的水分排除殆尽，蒸发面就转移到纹孔口［图 2-23 (f)］。此时蒸发表面的曲率半径减小并接近内部溶解的大气泡的半径。随着水分的进一步蒸发，毛细管内部半径减小，毛细管张力增大，这个张力不但作用在毛细管管壁，还作用在整个木材内部的所有气体-液体界面上。由于气体气泡的半径较大，所以其内部的表面张力比较小，使得气泡发生膨胀，而且气泡半径越大，其周围的张力越小，故大的气泡先行膨胀，大气泡所在的细胞先行排空［图 2-23 (h)］。气泡周围的水分主要通过相邻细胞向蒸发表面迁移，因此，木材内部深处细胞的大毛细管水的排出可能性比靠近表层的领先，这就是木材干燥后出现湿区现象的原因。

当大半径的气泡充分膨胀，其所在的细胞排空，接着，弯月面就向纹孔内部推移，液面曲率半径又减小，系统内毛细张力进一步增大以致足以使小的气泡膨胀［图 2-23 (i)］，迫使水分沿着相邻细胞壁和纹孔通道迁移，最后从蒸发面蒸发出去［图 2-23 (j)］。在蒸发面与弯月面向纹孔通道内部推移的过程中，由于临近细胞没有气泡，无法以气泡增大的方法缓解这个张力，毛细张力进一步增大。当蒸发面推移到充满水的细胞腔的时候，蒸发面即向其中扩展［图 2-23 (k)］，结果曲率半径增大，毛细张力逐步减小，此时，水分一方面从表层向大气中蒸发，一方面以水蒸气的形式由内向外移动［图 2-23 (l)］，按照这个方式，木材内部大毛细管内所有水分从木材中排出。

2.5 湿空气

2.5.1 湿空气的性质

干燥介质在木材干燥过程中起到非常重要的作用，它不仅将热量传递给木材，同时带走木材干燥出来的水分，其特性直接影响到木材干燥质量和干燥效率。通常来讲，木材干燥介质均以湿空气为主。湿空气是指含有水蒸气的空气，也就是说湿空气是干空气和水蒸气的混合物。干空气的成分比较稳定，而湿空气中水蒸气的含量会随着环境的变化而发生改变。一般来说，湿空气中水蒸气的分压力通常都很低，因此可按理想气体进行计算。所以，整个湿空气也可以按理想气体进行计算。

（1）湿空气的水蒸气分压力　根据道尔顿定律，湿空气的总压力 P 等于干空气分压 P_a 与水蒸气分压 P_v 之和，即：

$$P = P_a + P_v \tag{2-11}$$

（2）相对湿度　湿空气中水蒸气的实际含量（绝对湿度）ρ_v 与同温下的最大可能含量（湿容量）ρ_s 的比值（附录4），称为湿空气的相对湿度，用 φ（%）表示，即：

$$\varphi = \frac{\rho_v}{\rho_s} \tag{2-12}$$

式中　ρ_v——绝对湿度，即每立方米湿空气中所含的水蒸气质量，kg/m^3，它数值上等于湿空气中水蒸气的密度；

　　　　ρ_s——湿容量，即饱和湿空气的绝对湿度，kg/m^3。

（3）湿含量（d）　含有1kg的干空气的湿空气中含有水蒸气的质量（g）。

$$d = 622 \times \frac{P_v}{P - P_v} \tag{2-13}$$

（4）湿空气的热含量（I）　含有1kg干空气的湿空气中含有的热量（kJ/kg）。

$$I = i_a + 0.001 d i_v \tag{2-14}$$

式中　i_a，i_v——分别为干空气和水蒸气的热含量，kJ/kg。

（5）露点温度　如果使未饱和湿空气的水蒸气含量不变，即 p_v 不变，而将它逐渐冷却至 p_v 所对应的饱和温度，它就变成了饱和湿空气。这时若继续冷却，将有部分水蒸气凝结为水而从空气中析出，在容器壁上将出现露珠，这种现象称为结露。通常把水蒸气分压 p_v 所对应的饱和温度 t_s，称为湿空气的露点温度，用符号 t_p 表示。

2.5.2　相对湿度的测定原理

相对湿度是表示湿空气的成分的重要参数，是衡量干燥介质吸收水分的重要参数，准确测量湿空气的相对湿度，对干燥过程的精确控制有着十分重要的作用。相对湿度的测定方法有许多种，常规干燥过程中多采用干-湿球式湿度计来测量，如图2-24所示。它由两支相同的玻璃温度计组成，其中一支是干球温度计，用来测定湿空气的温度，称为干球温度，用 t 表示。另一支是包有湿纱布（其纱布尾部浸入水中）的湿球温度计，它所显示的是湿纱布的水温，称为湿球温度，用 t_w 表示。将干-湿球式湿度计置于被测空间，如果它周围的空气是未饱和的（$\varphi < 1$），那么纱布表面的水分就会从本身吸热而不断蒸发，因而使水温下降，于是空气与水温间有了温差，这一温差促使周围空气向湿纱布传热。当水温下降到一定的程度，使水蒸发所消耗的热量正好等于周围空气所传给的热量时，

湿球水温不再下降而维持某一稳定的数值，此时湿球温度计的度数，即为湿球温度 t_w。通常湿球温度总是低于干球温度，而且空气的相对湿度 φ 值越小，水分蒸发越快，湿球温度就比干球温度低得越多。相反，空气的 φ 值越大，干、湿球的温差就越小，当 $\varphi = 100\%$ 时，干、湿球的温度相等，二者的温差为零。由此看出，干、湿球的温差可以表征空气的相对湿度，它们之间的关系可以写成一般的函数关系：

$$\varphi = f(t, t_w) \tag{2-15}$$

但这个函数关系没有简单的数学表达式，通常由实验测得大量的数据后，经过整理制成图表（图 2-25）。根据测定的干球温度和湿球温度就可以从附录 4 中查出湿空气的相对湿度 φ 值。

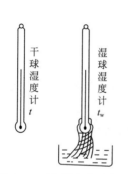

图 2-24　干-湿球式湿度计

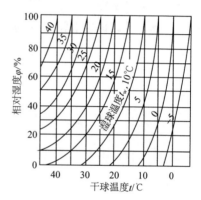

图 2-25　干、湿球温度与湿度的关系

从湿球温度的形成过程可以看出，由于湿球纱布上的水不断蒸发，紧靠湿球表面将形成很薄的饱和湿空气层（$\varphi = 100\%$），这层饱和湿空气的温度非常接近水温，即近似等于湿球温度 t_w。这一饱和湿空气层的形成过程，可以近似认为是等焓过程，这是因为湿球处吸热的焓增，正好等于饱和湿空气层附近空气的放热焓降，二者互相抵销，其总的效果是湿球附近周围空气的焓 H_2，等于初态（即被测湿空气）的焓 H_1。即：

$$H_2 = H_1 \tag{2-16}$$

同时从湿球温度的形成过程还可看出，湿球周围饱和湿空气层的蒸汽分压大于被测湿空气的蒸汽分压，故通常情况下（$\varphi < 100\%$），湿球温度高于露点温度，而低于干球温度。

必须指出，湿球温度计的读数和掠过温度计的风速有关，在空气湿度不变的情况下，当风速增加时，湿球温度计的读数将有所下降，但实验表明，若风速在 $2 \sim 40 \mathrm{m/s}$ 的范围内，风速对湿球的影响很小，可忽略不计。

2.5.3 湿空气的 I-d 图

为了应用方便，湿空气的温度（t）、相对湿度（φ）、湿含量（d）、蒸汽分压（P_v）及热含量（I）等状态参数之间的关系可以用线图来表示，即湿空气的 I-d 图。图 2-26 所示为 I-d 图的样图（附录 5 和附录 6），它的纵坐标为热含量（I），横坐标为湿含量（d），图中的各组线系由湿空气的状态参数组成的。湿空气的 I-d 图不仅可以确定每一个状态参数的数值，而且还可以直观地描述湿空气的加热和冷却过程、木材干燥过程中的水分蒸发过程以及不同状态湿空气的混合过程。

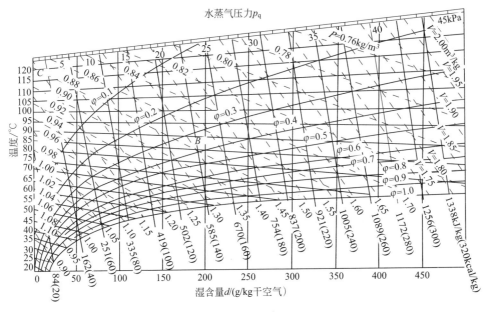

图 2-26　湿空气的 I-d 图（自 Кречетов，1980）

（1）湿空气的加热与冷却过程　如图 2-27 所示，从 A→B 为湿空气的加热过程，从 A→C 为湿空气的冷却过程。可以看出，在湿空气的加热和冷却过程中，其湿含量不变。

当湿空气继续冷却到 P 点时，达到饱和状态，此时湿空气的温度（t_p）称之为露点温度。

（2）木材干燥过程中水分蒸发过程　为了能用湿空气的 I-d 图描述水分蒸发过程，假设木材干燥过程中水分蒸发过程为绝热过程，这样就可以用湿空气的 I-d 图描述水分蒸发过程。如图 2-28 所示，从 A→D 为水分蒸发过程。可以看出，在绝热条件下的木材干燥过程中水分蒸发过程，其热含量不变。

当水分蒸发过程继续进行到 M 点时，湿空气状态达到饱和状态，此时湿空气的温度（t_M）称之为冷却极限温度。

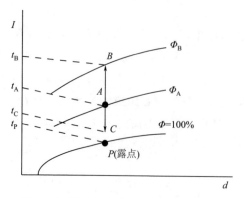

图 2-27　湿空气加热和冷却过程示意图

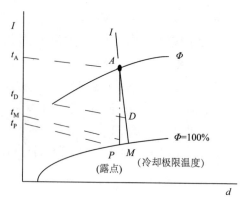

图 2-28　水分蒸发过程示意图

湿空气冷却极限温度（t_M）是指在绝热条件下水分蒸发时湿空气达到饱和状态时的温度。湿空气冷却极限温度（t_M）也叫干燥介质的湿球温度。

（3）两种不同状态介质的混合　设 n kg干燥室循环介质，其状态为 2（I_2，d_2），与 1kg 鲜空气，其状态为 0（I_0，d_0），相混合，混合后介质状态为 C（I_c，d_c）。根据混合前后热含量和湿含量不变的原则，可以得出下式：

$$I_0 + nI_2 = (1+n)I_c \qquad (2\text{-}17)$$

$$d_0 + nd_2 = (1+n)d_c \qquad (2\text{-}18)$$

上式为直线方程式，介质混合后的状态点一定落在 0—2 这条直线上。图2-29为两种状态干燥介质混合示意图，点 C 把直线 0—2 分为两段，两段的比值为 n，点 C 靠近分量较大的状态点，如 $n>1$，则靠近点 2。

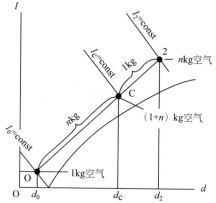

图 2-29　两种状态干燥介质混合示意图
（自 Кречетов，1980）
注：const 表示常数

干燥室内有状态为 0 的新鲜空气 G_0kg，参数为 I_0，d_0；状态 2 的循环空气 G_2kg，参数为 I_2，d_2；n 为混合气体的比例系数，表示 1kg 新鲜空气与 $n$kg 循环空气相混合。

2.6　过热蒸汽

2.6.1　饱和蒸汽与过热蒸汽

（1）蒸气　指离液态不远的气态物质。它们被压缩或冷却时，很容易变成液体。如水、氟利昂、氨及酒精等的气态物质。

（2）水蒸气　水蒸气简称蒸汽。由于蒸汽的载热能力强、价廉、易获得、不污染环境，故工业上大量应用。

（3）饱和状态　水在一定温度下的密闭容器中蒸发时，由于蒸汽分子的紊乱运动，既有离开水面的，也有返回液体的。当达到离开液面的分子数与返回液面的分子数相等时的气液动平衡状态，称为饱和状态。

（4）饱和蒸汽与饱和水　处于饱和状态下的蒸汽和水分别称为饱和蒸汽和饱和水。

（5）饱和压力和饱和温度　饱和状态时的压力和温度分别称为饱和压力（P_s）和饱和温度（t_s）。且二者之间互为函数，可用粗略的经验公式表示两者间的关系，即：

$$P_s = \left(\frac{t_s}{100}\right)^4 \qquad (2\text{-}19)$$

式（2-19）中饱和压力 P_s 的单位为标准大气压力（1atm＝1.0133×10^5 Pa），饱和温度 t_s 的单位为℃。

（6）汽化潜热　1kg 饱和水变为饱和蒸汽所吸收的热量（或者 1kg 饱和蒸汽变为饱和水所放出的热量）称为汽化潜热，用 γ 表示，单位 kJ/kg。由饱和水变为饱和蒸汽的过程称为汽化阶段。整个汽化阶段始终维持饱和温度（t_s）不变。附录 7 和附录 8 中列出了不同温度和不同压力下水的汽化潜热。

（7）干饱和蒸汽与湿饱和蒸汽　完全不含水的饱和蒸汽称为干饱和蒸汽。在汽化过程中饱和水与饱和蒸汽的混合物称为湿饱和蒸汽。

（8）过热蒸汽　温度高于同压下饱和温度的蒸汽称为过热蒸汽。例如标准大气压下的饱和温度 t_s＝100℃，饱和压力 P_s＝0.1013MPa，则同压下大于 100℃的蒸汽均为过热蒸汽。在锅炉的过热器中对干饱和蒸汽继续加热就变成过热蒸汽。

2.6.2　过热蒸汽的相对湿度

过热蒸汽与湿空气作干燥介质相比，其主要特征在于相对湿度的含义不同。由于过热蒸汽干燥时木材干燥室内充满了蒸汽，严格地说不存在空气相对湿度的概念。但蒸汽的过热度（即离饱和温度的程度）不同，它吸收水分的能力就不同，过热温度越高（相应的饱和压力越大），吸湿能力就越强。为反映过热蒸汽的吸湿能力仍可借用湿空气相对湿度的概念，但它与湿空气的相对湿度的含义不同。过热蒸汽的相对湿度反映它偏离饱和状态的程度，故有的文献又将过热蒸汽的相对湿度称为饱和度。

若以 φ_1 表示过热蒸汽的相对湿度，则：

$$\varphi_1 = \frac{P}{P_s} \qquad (2\text{-}20)$$

式中　P_s——干燥介质温度所对应的饱和压力；

　　　　P——干燥介质的绝对压力。

由于干燥介质温度与它对应的饱和压力 P_s 互为函数，由式（2-20）可看出：湿空气作干燥介质时，其相对湿度与空气温度和空气中的水蒸气含量有关；而以过热蒸汽作干燥介质时，其相对湿度与过热蒸汽的温度和干燥介质的压力有关。

2.6.3　过热蒸汽作干燥介质的主要优点

① 节能效果显著　因干燥室（机）排出的废气全部是蒸汽，可以用冷凝的方法回收蒸汽的汽化潜热，故热效率高，有时可高达 90%。据国际干燥界咨询委员会主席 A. S. Mujumdar 教授介绍，过热蒸汽干燥木材的能耗大约是空气干燥能耗的 50% 左右。

② 干燥速率快　由于过热蒸汽的比热和传热系数比空气大，同时过热蒸汽干燥介质中的传质阻力可忽略不计，故水分的迁移速度快，干燥周期可明显缩短。

③ 干燥质量好　用过热蒸汽作干燥介质时，由于物料表面湿润、干燥应力小，不易产生开裂、变形等干燥缺陷；同时由于过热蒸汽干燥无氧化反应，木材颜色不会退变，故干燥品质好。

当然，过热蒸汽干燥也存在系统比较复杂、投资大，干燥室容量较小等缺点。因为过热蒸汽干燥室要求密封性好，同时要添置排汽回收装置，其设备投资比常规干燥高 25%～30%。

2.7　木材在气态介质中的对流干燥过程

2.7.1　木材的对流干燥过程

木材在气流介质中的干燥过程主要包括预热阶段、等速干燥阶段和减速干燥阶段，如图 2-30 所示。

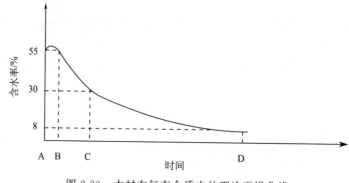

图 2-30　木材在气态介质中的理论干燥曲线

（1）预热阶段（A—B 段）　锯材干燥开始时首先要对锯材进行预热处理，目的是：提高木材温度使其能够均匀热透；软化木材，消除应力；打通水分通路；使含水率梯度和温度梯度方向一致。其特点是使木材均匀热透；不蒸发水分，但可以少量吸湿。

（2）等速干燥阶段（B—C 段）　此阶段主要是自由水的干燥过程。在等速干燥阶段，由木材表面蒸发自由水，表层的含水率保持在接近于纤维饱和点的水平，此时有足够数量的自由水供表面蒸发，干燥速度固定不变。只要介质的温度、湿度和循环速度保持不变，含水率的降低速度也就保持不变。由于木材表层的自由水蒸发完毕后，内部还有自由水，所以曲线图上向下倾斜直线线段的终了，并不等于说木材内的自由水已经完全排出。在等速干燥阶段内，空气温度越高，湿度越低时，自由水蒸发越强烈。

（3）减速干燥阶段（C—D 段）　在减速干燥阶段，表层含水率低于纤维饱和点，由内层向表面移动的水分的数量小于表面的蒸发强度，干燥速度逐渐缓慢，到干燥终了时等于零，达到平衡含水率。因此，纤维饱和点以下的干燥阶段叫减速干燥阶段。

等速干燥期结束，减速干燥期开始这一瞬间的含水率，叫作临界含水率 MC_C。由于锯材厚度上含水率的分布不均匀，临界含水率常常大于纤维饱和点。含水率越不均匀，MC_C 值就越大。干燥速度、被干锯材的厚度和木材密度的加大，都会引起含水率在干燥过程中沿锯材厚度上的不均匀，并使 MC_C 的数值增大。干燥速度越大，被干锯材越厚，密度越大，临界含水率就越与初含水率接近，等速干燥期就越短。

2.7.2　干燥过程中木材水分的蒸发和移动

在以湿空气为介质的对流木材干燥过程中，可分为木材表面的水分蒸发和木材内部的水分移动过程。木材干燥过程必须先使水分从木材内部向表面移动，木材表面水分在对流作用下蒸发时，木材表面及以下邻近层自由水首先蒸发。大毛细管系统内的自由水先移动和蒸发，随后是微毛细管系统也开始排出水分。由于木材具有一定厚度，在木材内部与表层间出现水分梯度——内部高外部低的含水率梯度，促使水分进一步向外移动。水分的移动是由许多因素共同作用而影响的。

（1）木材干燥过程中的水分蒸发

所谓蒸发是指在液体表面进行得比较缓慢的汽化现象。蒸发在任何温度下都可以进行，它是由于液体表面上具有较大动能的分子，克服了邻近分子的吸引力，脱离液体表面进入周围空气而引起的。蒸发的强度主要取决于液体的温度，液体的温度越高，分子的动能越大，蒸发过程就越快。此外，在相同温度下，蒸发的速度还与蒸发表面积的大小及液面上的蒸汽密度（或压力大小）有关。液体表面积越大，蒸发过程越快，若加大液面上的气流速度，使蒸汽密度减少，也能使蒸发过程加快。水分蒸发时，只有当水面或湿物体表面上的空气没有被水分饱和时（相对湿度＜100％）才可发生。相对湿度越小，表明空气中水蒸气分压越小，蒸发速度就越快。在蒸发表面上常有一定厚度的薄层被蒸汽所饱和的空气，表面上气流速度越大薄层的厚度越小，从而蒸发也越快，因此表面气流速度越大，蒸发越快。

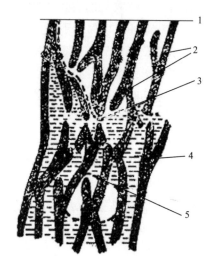

具体到木材干燥过程中，主要是在木材表面的蒸发过程。湿木材表面的水分蒸发时，当表层含水率高于纤维饱和点时，与自由水的水分蒸发情况相同；木材温度高时，木材表层的水分蒸发强度加大，湿空气流速大时，水分蒸发快，木材干燥速度大。但当表层含水率降至纤维饱和点时，情况就不同了，此时木材表面的水蒸气压力低于同温度下自由水面的水蒸气分压，蒸发强度降低，木材干燥过程变慢。木材中的水分蒸发不仅发生在木材的表面，在木材内部也有发生。即使在木材含水率很高时，木材孔隙内也还可能有许多气泡，它们构成一个个小的蒸发面，随着木材逐渐干燥，这些小蒸发面即与主蒸发面会合，如图 2-31 所示。

图 2-31　木材中气泡构成的小蒸发面
1—木材表面；2—细胞壁；3—主蒸发面；
4—自由水；5—木材内小蒸发面

（2）木材干燥过程中的水分移动

① 自由水移动　木材表层细胞中的水分蒸发引起毛细管力，从而使木材中的自由水通过细胞腔和纹孔构成的通道移动；这个毛细管力对木材表层邻近内层的自由水形成一个拉力。对自由水移动影响最大的是木材的渗透性。毛细管自由水移动所要求的能量最小，也是各种水分移动机理中最快的方式。这也是为什么充满水的渗透性好的边材比芯材干燥快的主要原因。毛细管水分的流动在木材纹理方向（纵向）比横向（弦、径向）快至少 50 倍。自由水的移动只能发生在有自由水存在时，即含水率高于纤维饱和点时；同时也要求从表层或蒸发区域到邻近内部区域有连续的水分存在。因此，在高含水率时自由水移动较快。另一个影响自由水移动的因素是木材的温度，木材温度高时，水分的黏性降低，因此毛细作用力相同时水分移动会较快。

② 蒸汽扩散　水蒸气以扩散的方式移动，在这个过程中水分子在各个方向

上随机运动。如果一个区域的分子浓度较高，另一个区域的分子浓度较低时，离开高浓度区域的分子较进入高浓度区域的分子要多，因此含水率要降低；同样，如果许多水分子被吸附、凝结或从其他区域移动过来时，扩散进入的水分子要比扩散出去的多，造成在某一方向上水分的移动。水蒸气扩散速率与扩散分子的浓度差成正比，或更精确一些，与水蒸气的压差成正比。木材含水率低于纤维饱和点时，木材中蒸汽压随含水率升高而增大；当含水率高于纤维饱和点时，区域内部不会有明显的蒸汽压梯度，也就是说，当含水率高于纤维饱和点时不会有水蒸气移动的发生。

因为要有连续的流动通道使蒸汽从一个区域扩散至另一个区域，因此纯的蒸汽扩散只能在渗透性好的木材中才可能发生。渗透性是由木材细胞间的连接通道形成的，与木材的硬度或强度无关，只与这些连接通道的开度有关。液态或气态的水分在渗透性木材中移动快，因此干燥快；而在渗透性不好的木材中，大部分或全部通道都被阻塞了，液态或气态的水分的移动都会受阻。水蒸气的扩散是与吸着水的扩散同时发生的。大部分树种的边材渗透性较好，而针叶材的芯材渗透性通常较差。

③ 吸着水扩散　吸着水是通过细胞壁进行扩散的。与蒸汽扩散一样，较干的位置上离开的水分子较少，而湿的位置离开的水分子较多。木材中发生了从湿的区域到干的区域水分的移动。木材表面水分蒸发使表层成为最为干燥的区域，因此水分从湿的芯层向干的表层移动，并且形成了含水率梯度。吸着水扩散的驱动力与蒸汽扩散相同，都是蒸汽压梯度。

④ 吸着水-蒸汽组合扩散　木材干燥中吸着水扩散和水蒸气扩散都不是单独进行的。在水分从木材中心向表层移动过程中，大部分水分是按下述顺序移动的：在细胞壁中以吸着水形式扩散——蒸发到细胞腔——水蒸气扩散通过细胞腔——下一细胞壁吸附——吸着水以扩散形式通过细胞壁——直到达到木材的表层。

当干燥发生于木材的端面时，迁移的水分通过的细胞壁较少，并且大部分的迁移是通过细胞腔，以水蒸气扩散的方式快速移动，因此，木材端面的干燥比侧面要快得多。密度大（重）的木材含有较高比例的细胞壁，而不像低密度（轻）木材含有较大比例的细胞腔；吸着水通过细胞壁较慢，因此低于纤维饱和点时密度大的木材干燥速率比密度小的木材要低很多。干燥密度大的木材因为阻力较大，会形成较大的含水率梯度，并且会形成较大的干燥应力，因此干燥密度大的木材比干燥密度小的木材降等的可能性更大。

吸着水和水蒸气扩散途径示于图 2-32 中。水分子以蒸汽形式通过细胞腔凝结，以吸着水形式通过细胞壁再到下一个细胞腔，这个过程一直重复直到水分子到达木材的表面（图 2-32 中 A 所示）。水分子以水蒸气的形式通过细胞腔和纹孔，以吸着水形式通过纹孔膜或以蒸汽形式通过纹孔膜中的微空隙（图 2-32 中 B 所示）。水分子以吸着水的形式连续从一个细胞壁到下一个细胞壁（图 2-32 中 C 所示）。

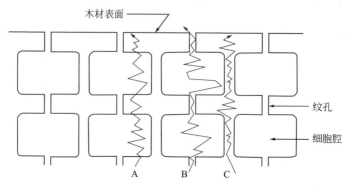

图 2-32　木材中水分的扩散途径
A—水蒸气-吸着水组合扩散；B—水蒸气扩散；C—吸着水扩散

水分在纵向上的扩散比横向（弦、径向）快 10～15 倍左右。而垂直于生长轮方向的径向扩散又比平行于生长轮方向的弦向的扩散快一些，因为水分沿木射线的方向移动较快。这就是为什么弦向板（厚度为径向）较径向板干燥快的原因。虽然在纵向的水分扩散比横向快很多，但在实际干燥中这只能在很短的时间内起作用。通常木材的长度方向远比横向大得多，因此大部分的水分都是通过木材横向的宽面而蒸发的。当木材的宽度与厚度相差不大时，比如方材，干燥过程中的水分蒸发过程在宽度和厚度方向同时进行。

水分的扩散速率很大程度上取决于细胞壁的渗透性和它的厚度，因此渗透性好的树种干燥速度明显高于渗透性差的树种，且当木材的密度增加时，水分扩散的速率下降；且木材中的侵填体及硬质沉积物也会导致水分通道的堵塞，从而降低水分的移动速率。

2.7.3　影响木材干燥速率的主要因素

影响干燥过程的因子主要包括：湿空气的温度、湿空气的相对湿度（或干湿球温差、平衡含水率）和气流速度。

（1）温度　干燥中的温度又称为干球温度，因为温度是用一个干的传感器（通常用电传感器）测量的。在锯材干燥中所指的温度是进入材堆时的空气温度，也是干燥室中的最高温度，是干燥室中最易造成干燥缺陷的温度。

木材温度升高内部水分移动速度快，干燥速度快，且干燥质量较均匀。但温度越高，锯材的变形量越大，且木材的强度削弱越厉害，尤其是含水率较高时容易出现开裂的情况下木材温度更为重要。干燥温度还影响锯材的变色及虫害，这些缺陷发生的最适宜温度为 27～44℃，可通过干燥前对锯材进行化学处理或将锯材用 55℃ 以上的温度处理 24h 将虫、虫卵及霉菌杀死。锯材含水率还很高时干燥温度超过 71℃，不论时间长短都会对木材强度造成损失；如果干燥质量优先考虑木材强度的话，干燥前期温度不要过高。

（2）相对湿度　相对湿度是指空气中所含水分与同温度下空气所能包含最大水分量的比值，通常用百分比表示。一般用湿球温度来度量（在传感器上覆湿盖纱布后的温度），湿球温度除在相对湿度为 100％ 时与干球温度相同外，都低于干球温度。给定干球温度和干湿球温差后可根据空气的热力学特性表查得相对湿度值。有些控制系统采用薄纤维片作为湿度传感器，纤维随空气湿度的变化而吸收或放出水分，然后以此纤维片的电阻反映空气的相对湿度。

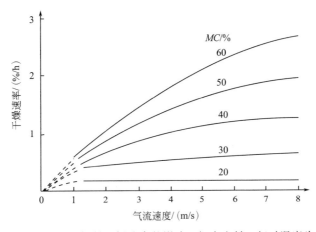

图 2-33　气流速度对锯材干燥速率的影响（枫木生材，相对湿度为 65％）

在温度与气流速度相同的情况下，相对湿度越低，毛细管力越大。相对湿度低时，由于使木材表层含水率降低了，使含水率梯度增大了，从而增加了水分的扩散，锯材干燥也增快。相对湿度低时对于防止木材干燥的变色有益，但相对湿度如果过低，就会造成干燥过快、开裂及蜂窝裂等干燥缺陷的发生或加重。在干燥后期用较低的相对湿度可减少变形，但相对湿度过低时会加大锯材的干缩，反而加大变形。

湿空气在穿过材堆时，相对湿度会因空气吸收木材蒸发的水分及温度的下降而上升，材堆空气入口处的相对湿度最小，干燥强度最大。

（3）气流速度　气流速度与温度和相对湿度一样在锯材干燥过程中极为重要，含水率在纤维饱和点以上时，气流速度越大干燥速度越快（图 2-33）；材堆中气流速度越大，材堆内相对湿度越均匀，但同时也增加了开裂的风险性。含水率在 20％以下时，气流速度对干燥速率与干燥质量影响不显著，因为此时木材干燥速率由水分在木材内部移动的速度决定，而不是由表层水分蒸发的速度决定的。从图 2-33 中可看出，锯材含水率由大到小时，风速对干燥速度的影响也由大到小变化。基于此，可在干燥末期采用降低风速的方式来节省干燥能耗。高含水率时气流速度与相对湿度间存在直接的关系，如果气流速度降低的话，就降低了干燥速度，从而可以降低相对湿度来增加干燥速度进行平衡；也就是说可利用气流速度与相对湿度的不同组合来达到要求的干燥速率。

2.8　木材干燥过程中的应力与变形

2.8.1　产生应力的原因与应力的种类

（1）干燥过程中木材产生内应力的原因

① 木材构造上的各向异性　木材线性干缩是指顺纹理方向、横纹理方向（径向和弦向）的干缩。木材顺纹理方向干缩率很小，为 0.1％～0.2％，径向干缩率为 3％～6％，弦向干缩率为 6％～12％，弦向干缩为径向干缩的两倍。木材三个方向干缩差异是干燥过程中产生内应力的一个主要原因。

② 木材断面上含水率分布不均匀　含水率梯度存在于木材干燥的全过程。由于木材在干燥过程中木材断面上含水率分布不均匀，以及各部分收缩量的差异是干燥过程中产生内应力的另一个主要原因。

（2）干燥过程中木材产生内应力的种类

① 湿应力（弹性应力）是因锯材断面上各个区域的不均匀干缩所引起，它带有时间性，随着含水率梯度的消失，应力消失。此种应力是绝对弹性体的一种特征。

② 残余应力是因木材内部所产生的残余变形而引起的，它与湿应力不同，在含水率平衡时并不消失，在干燥过程中和结束后均会发生。

③ 全应力。全应力＝湿应力＋残余应力

干燥过程中影响干燥质量的是全应力，干燥结束后继续影响木制品质量的是残余应力。

2.8.2　木材干燥中产生应力与变形的过程

木材在室干过程中，内应力的变化过程可分为四个阶段，如图 2-34 所示。

（1）干燥开始阶段　此阶段木材各部分的含水率都在纤维饱和点以上，梳齿形试验片每个齿的高度和未锯开之前的原尺寸一样。若把试验片剖为两片，每一片将保持平直状态。这些现象充分表明，此时木材内既不存在湿应力，也不存在残余应力。

（2）干燥前期阶段　此阶段中木材内层的含水率高于纤维饱和点，外层的自由水已蒸发完毕，正在因排出吸着水而干缩。此阶段的木材内应力为外拉内压应力。

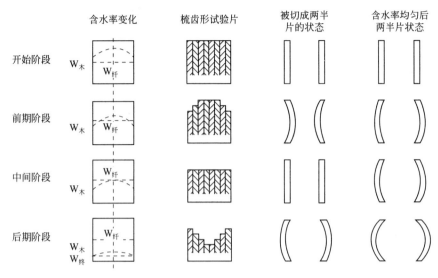

图 2-34　木材在室干过程中含水率和内应力变化示意图

从梳齿形试验片上可以看出，表面几层梳齿由于干缩而尺寸减小，内部各层梳齿仍保持原来状态。这时表层干缩，而内层还未能收缩，于是表面各层因受到内部的拉伸而产生拉应力，内部各层则产生压应力。

在这一阶段中若把从木材上锯下来的试验片锯成两片，可以看到，刚刚锯开时它们各自向外弯曲。把这两片放入恒温烘箱中或放在通风处，使含水率进一步降低并变得均匀。如果木材是理想的弹性体，在含水率分布均匀后，内应力即可消失试片齿形变为平直，尺寸恢复原样。但木材既具有弹性，又具塑性。当木材内刚一发生内应力，同时也就出现了塑化变形。由于表层木材的尺寸，已经在一定程度上塑化固定，内层在含水率减少时，还可以自由干缩。因此，在两片的含水率降低，并且分布均匀后，两片的形状就变成和原来的形状相反的样子，即向内弯曲。

在木材室干过程中，此阶段需采取前期处理来提高木材外层的含水率，使已固化的部分重新变化恢复可塑，使木材应力得以削弱和缓和。

（3）干燥中间阶段　当木材干燥到这一阶段时，木材内部的含水率也低于纤维饱和点，若在上一阶段中没有采取前期处理，则被干木材表面各层，早已由于失去正常的干燥条件而固定于拉伸状态。此时尽管内部的含水率还高于外部的含水率，但内部木材干缩程度却已和外部木材塑化固定前产生的不完全的干缩相差无几，内部尺寸与外部尺寸暂时一致。因此，在此阶段内木材中的应力也暂时处于平衡状态。

若把试验片锯成梳齿形，各个梳齿的长短暂时是一样的，但在含水率下降后，中间的一些梳齿将因干燥而变短。若把试验片锯成两片，两片当时保持平直状态，但在含水率降低并分布均匀后，原来在内层的木材由于干缩变短，使得两片向内弯曲。这就表明，在这个阶段内尽管暂时观察不到被干木材中的内应力，但在干燥结束后，木材中的残余应力仍将表现出来。

在室干工艺中，当被干木材干燥到这一阶段时，通常对被干木材进行必要的、及时的、正确的中间处理，使已经塑化固定的外层木材重新成为可塑，从而使外层的木材得到补充收缩。

（4）干燥后期阶段 在此阶段，含水率已沿着木材的横断面变得相当均匀，由内到外的含水率梯度较小。如果在上阶段中没有进行中间处理，此时外层木材由于塑化变形的固定，早已停止收缩；内层木材随着吸着水的排出而收缩，但受到外层的牵制不能完全收缩。木材外部受内部的干缩趋势的影响，而产生压应力；内部受外部已塑化固定的木材牵制影响而产生拉应力。内层和外层应力的性质和干燥前期相反。

此时若把试验片锯成梳齿状，内层的一些齿在脱离了外层的束缚后，得以自由干缩，它们的尺寸比外层的短一些。若把试验片锯成两片，刚锯开时两片向内弯曲，当它们的含水率继续进一步降低并分布均匀后，向内弯曲的程度加强。

在木材室干工艺中，当被干木材干燥到此阶段，木材含水率已降低到所要求的规定标准时，必须进行正确的平衡处理，以消除木材的残余应力。

3 木材干燥设备

　　木材的干燥方法大体可以分为机械干燥、化学干燥和热力干燥三大类，其中热力干燥方法应用最为普遍，因此本手册主要介绍的是热力干燥方法，即在热力作用下木材中的水分以蒸发或沸腾的汽化方式由木材中排出的过程。木材的热力干燥方法种类很多，其中常规干燥是长期以来使用最普遍的一种木材干燥方法，其干燥设备约占木材干燥装备总量的 80% 左右。由于常规干燥历史悠久，技术比较成熟，从干燥的经济性、干燥质量等指标来综合衡量，和其他干燥方法相比仍然占有优势，在目前以及在今后相当长的时期内仍然占有主导地位。

　　常规干燥方法就是把木材置于几种特定结构的干燥室中进行干燥的处理过程。干燥室是对木材进行干燥处理的主要设备，干燥室壳体多为砖结构或钢筋混凝土结构，近年来金属结构壳体的干燥室也得到了较广泛的使用。在干燥室内有通风、加热及调湿设备，能够人为地控制干燥介质的温度、湿度及气流速度，利用对流等传热作用对木材进行干燥处理。

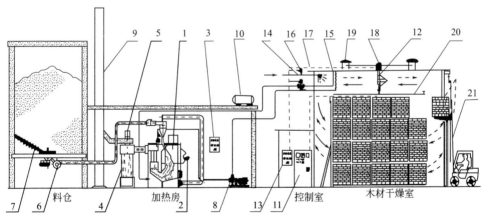

图 3-1　木材干燥室总体布置示意图（自 Hildebrand-Singapore）

1—炉灶；2—备用油燃烧器；3—控制器；4—旋风分离器；5—排气风机；6—进料风机；7—料仓螺旋出料器；8—加热循环泵；9—烟囱；10—伸缩贮罐；11—强电柜；12—风机；13—电子控制器；14—加热器控制阀；15—加热器；16—喷蒸控制阀；17—喷蒸管；18—排湿执行器；19—进排气口；20—顶板；21—室门

　　图 3-1 为完整的木材干燥室总体布置图，由干燥室、控制室、加热（锅炉）房和料仓四部分组成。以木材加工剩余物包括刨花、锯屑及板皮等碎料或油为燃

料，以蒸汽为热源。待干木材采用组堆式堆积，叉车装卸。

根据林业行业标准《木材干燥室（机）型号编制方法》（LY/T 1603—2002）中的注释，常规干燥是指以常压湿空气作为干燥介质，以蒸汽、热水、炉气或热油作为热媒，干燥介质温度在 100℃ 以下的一种室干方法。其主要特点是以湿空气作为传热、传湿的媒介物质，传热方式以对流传热为主。其干燥的过程是：将待干木材用隔条隔开，堆积于干燥室内，干燥室装有风机，风机促使空气流经加热器，升高温度，经加热的空气再流经材堆，把热量部分地传给木材，并带走从木材表面蒸发的水分。吸湿后的部分空气通过排气口排出，同时，相同质量流量的新鲜空气又进入干燥室，再与干燥室内的空气混合，成为温度和湿度都较低的混合空气，该混合空气再流经加热器升温，如此反复循环，达到干燥木材的目的。干燥室设有喷蒸系统，在室内相对湿度过低时，向室内喷蒸汽或水雾。

3.1 常规干燥室

木材干燥室是指具有加热、通风、密闭、保温、防腐蚀等性能，在可控制干燥介质条件下干燥木材的建筑物或容器。从现有的生产实际出发，本章节着重介绍周期式干燥室、木材预干室，以及连续式干燥室。

3.1.1 周期式干燥室

周期式干燥室是指干燥作业按周期进行，湿材从装室到出室为一个生产周期，即材堆一次性装室，干燥结束后一次性出室。在我国周期式木材干燥室的数量最多，分布也最为普遍。

3.1.1.1 典型周期式干燥室结构

目前在国内外应用最广泛的木材干燥室还是周期式强制循环空气干燥室，一般按照通风设备在室内外的配置情况加以分类。生产中使用的周期式干燥室可分为顶风式、端风式、侧风式三种机型，目前新建的干燥室几乎全部为顶风机型。

（1）顶风机型强制循环干燥室　如图 3-2 所示为顶风机型强制循环干燥室示意图。它的结构特点是：顶板将干燥室分为上下两间，上部为通风机间，下部为干燥间；每台风机由一台电机带动；进气口和排气口在干燥室上部两列式排列。

顶风机型干燥室的优点是：气流分布良好，室内空气循环比较均匀，如干燥基准制订合理，干燥工艺实施得当，则其干燥质量能满足高质量的用材要求；而且电机与风机叶轮之间采用直联方式，安装和维修较为方便。缺点是：每台通风机要配置一台电动机，动力消耗较大；由于通风机间的存在，容积利用率低于侧风机型和端风机型干燥室；建筑费用高于侧风机型和端风机型干燥室。

在图 3-2 中，图 3-2（a）为叉车装室、图 3-2（b）为轨道车装室。用叉车直

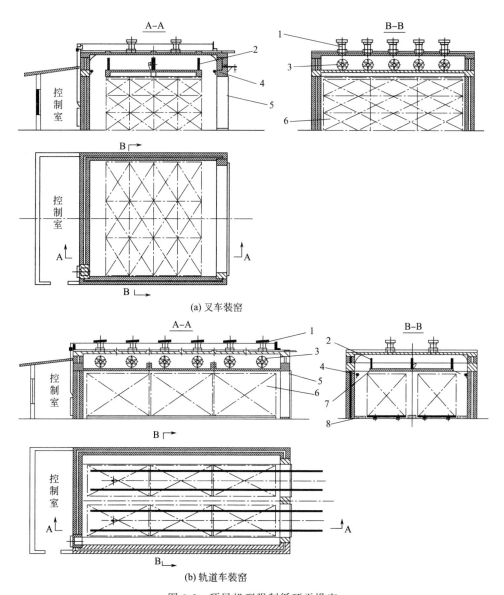

(a) 叉车装窑

(b) 轨道车装窑

图 3-2 顶风机型强制循环干燥室

1—进排气口；2—加热器；3—风机；4—喷蒸管；5—大门；6—材堆；7—挡风板；8—材车

接装室比较简单，所以大型干燥室都趋于用这种装室方式。用叉车装材的优点是：无需设置转运车、材车、相应的轨道及与此相应的土建投资。缺点是：装材、出材所需时间较长；叉车直接进入干燥室，若操作不当，可能会造成对室体的损坏；提升高度较大时，门架升得太高，无法全部利用干燥室的高度。

轨道车装室的优点是：在干燥室外堆积木材，可确保堆积质量，装室质量好；湿材装室和干材出室十分迅速，干燥室的利用率较高，干燥针叶材最好用这种装室法。缺点是：干燥室前面一般需要有与干燥室长度相当的空地或需要预留出转运车的通道；干燥室内部材车轨道或转运车轨道需要打地基，土建工程量大；材车或转运车造价较高，投资额较大。

对于一些小型的干燥室，个别厂家通常采用在干燥室内直接堆垛的方式装室，室的容积利用率不高，堆积质量难以保证，且劳动强度较大，装室效率低。实际上木材的堆积质量与干燥质量之间关系密切，木材在干燥过程中产生的弯曲变形、表裂、端裂、局部发霉及干燥不均等缺陷均与堆积质量直接相关。因此，在可能的情况下尽量不要选用直接在室内堆垛的装室方式。

（2）侧风机型强制循环干燥室　如图 3-3 所示为侧风机型强制循环干燥室示意图。其结构特点是：风机在干燥室的一侧［图 3-3（a）］或两侧［图 3-3（b）］安装；无通风机间，其建筑高度低于顶风机型干燥室；进排气口在室顶或侧墙上两列式排列；侧风机型干燥室气流循环特点是气流通过风机一次，而流过材堆两次，材堆高度上的通气断面等于减小一半，干燥介质的体积可以减少一半，因而风机的功率也可减小。

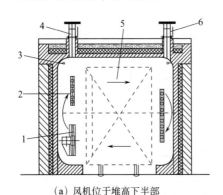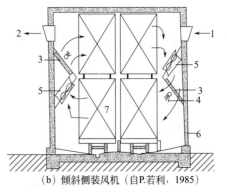

（a）风机位于堆高下半部

（b）倾斜侧装风机（自P.若利，1985）

1—轴流风机；2—加热器进气道；3—喷蒸管；　　1—新鲜空气进口；2—湿空气排放口；3—加热器；

4—排气道；5—材堆；6—排气道　　　　　　4—喷蒸管；5—轴流风机；6—干燥室壳体；7—材堆

图 3-3　侧风机型强制循环干燥

侧风机型干燥室的优点是：结构简单，室内容积利用系数较高，投资较少；设备的安装和维修方便；气流的循环速度比较大，干燥速度较快。缺点是：气流速度分布不均，有气流 $V=0$ 的区域即"死区"存在，干燥质量低于短轴型；气流一般为不可逆流动，不如可逆循环干燥效果好；若采用室外型电机，需要增设电机夹间，非直接生产性占地面积较大。

（3）端风机型强制循环干燥室　如图 3-4 所示为端风机型强制循环干燥室示意图。其结构特点是：轴流风机安装在材堆的端部即风机间在材堆的端部；进、排气口通常位于风机间顶部，轴流风机的两侧或端墙上。

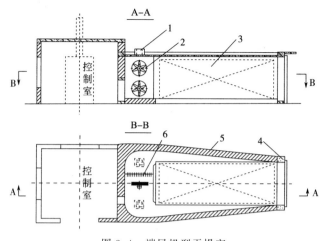

图 3-4 端风机型干燥室
1—进排气口；2—轴流风机；3—材堆；4—大门；5—斜壁；6—加热器

端风机型干燥室的优点是：空气动力学特性较好，能形成"水平-横向-可逆"的气流循环，若斜壁设计合理，气流循环比较均匀，干燥质量较好；设备安装与维修方便，容积利用系数高；投资较少。缺点是：干燥室不宜过长，装载量较小（为确保干燥质量，材堆的长度通常不要超过 6m）；若斜壁角度设计不当，会使材堆断面气流不均，进而降低木材的干燥质量。

木材干燥室的类型结构，直接关系到干燥室内的气流动力学特性，最终影响到木材的干燥质量及效率。按照气流动力学特性，常规干燥室可以分为顶风机型、端风机型和侧风机型三种类型，如图 3-5 所示为周期式干燥室气体流动示意图。

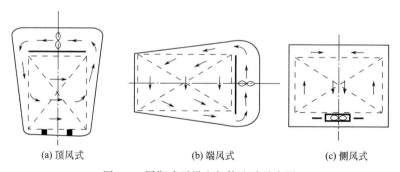

(a)顶风式   (b)端风式   (c)侧风式

图 3-5 周期式干燥室气体流动示意图

试验证明：在风机位于材堆侧面的侧风机型干燥室内［图 3-5（c）］，干燥介质在材堆长度乃至高度上不能得到均匀的分配，循环速度差异明显，这样就不会有相同的干燥速度。风机位于室端的端风机型干燥室［图 3-5（b）］基本可以消除这种缺陷，但室内材堆总长度一般不能超过 6m，否则沿材堆长度上气流循环不均匀。

风机位于室顶的顶风机型干燥室［图3-5（a）］，气体动力学特性最好，在材堆整个断面上，循环速度的分布比较均匀，干燥后锯材终含水率均匀性好。

3.1.1.2 木材干燥室内空气的流动特性

为了确保木材干燥质量，提高整个材堆内木材干燥的均匀性，要尽量使材堆长度和高度上的空气分布均匀。

在干燥室长度方向上均匀分配空气方面，对于目前广泛采用的顶风机型干燥室，干燥室长度方向上均匀分配空气的主要方法是分散放置多台平行作用的通风机。根据 LY/T 5118—1998《木材干燥工程设计规范》，一间干燥室安装多台风机时，风机中心距一般为风扇直径的 2～2.5 倍。

在材堆高度方向上均匀分配空气方面，从干燥室的侧部空间自上而下或自下而上地沿着材堆高度均匀分配空气，很有困难。材堆与墙壁之间的侧面空间，起着短而宽的气道作用，从材堆的一侧配（进）气，从材堆的另一侧吸气。通常短配气道内的静压力沿着空气流动线路逐渐增大，因此在图3-6（a）中的左边，空气以较大的速度冲向下部，如无抑流配置、导流板等措施，大部分空气可能会由材堆下部流过。

此外，通常情况下，在干燥室的上部，空气温度较高，热交换和质交换加速。材堆下部空气速度大的影响，在某种程度上可以平衡材堆上部温度高的影响。即可通过改变空气速度的大小在一定程度上调整材堆高度方向上干燥的均匀性。

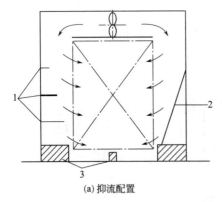

(a) 抑流配置

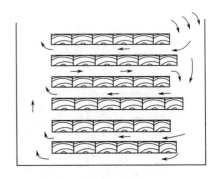

(b) 伸出材堆的板材对于空气分配的影响

图 3-6　周期式干燥室气流动力图
1—隔板；2—导流板；3—挡风墩

当材堆与墙壁之间的气道宽度增加时，沿材堆高度的空气分配较为均匀。经验指出，这种气道宽度不小于材堆整个高度方向上全部隔条总厚度的一半。例如：当材堆总高度为3m，板材和隔条的厚度均为25mm时，材堆隔条的总厚度为1.5m，因此，材堆与墙壁间的气道宽度应为0.75m。此外，采用抑流配置、导流板等措施［图 3-6（a）］，也可以改善空气在材堆高度上的均匀分配。

材堆侧边不齐，空气在各层板材之间的强制流动就会不均，甚至会出现逆流，如图 3-6（b）所示。空气向突出的板边冲击，将使板材前面的动压力部分地变为静压力，这层板材前面的空气速度就会增大，下层板材的空气速度会减少甚至无风，因此从上述空气进入材堆的示意图表明，材堆侧边堆积不齐，将会导致空气循环不均，木材干燥速度不一致。

在木材干燥过程中，随着空气向材堆内部的移动并蒸发木材中的水分，空气的温度和干湿球温度差将逐渐减小。如此将会减缓以后的水分蒸发。结果会在空气流程上的材堆不同部位，木材的干燥速度存在差异。空气沿着木材的流动速度愈大，在材堆内的流程愈短，木材干燥愈均匀。Кречетов 对此进行了理论分析，并以宽度为 1.8m 的材堆为例，依据计算结果绘制了含水率落差的计算图，如图 3-7 所示。

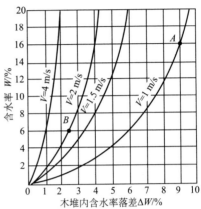

图 3-7　单向循环时材堆内被干木材的含水率落差（自 Кречетов，1972）

木材干燥室采用的空气速率数值，对于加速单块板材的干燥过程并不是主要的，因为对于锯材来说实际上是没有等速干燥阶段的，而排除细胞壁中的吸附水（吸着水）时，空气的速度对于加速干燥过程的影响平均不大。这个参数主要是影响到整批木材同时干燥时干燥时间的缩短，以及锯材干燥质量的改善。

以上主要介绍了单个材堆内的空气流动特性，在实际的周期式干燥室内，由于多种原因可能会导致有 1/3～2/3 的循环空气，从材堆外面的空隙处空流而过，这样会使材堆内循环速度明显降低，整个材堆干燥不均，板材端部干得快，容易形成较深的端裂，对干燥周期和干燥质量都有严重的影响。为了消除这种缺陷，可以采取下列几项改进措施：

① 在材堆与材堆之间，以及材堆与端墙或门之间设置挡板。挡板可用铝板（厚 2mm）制作，遮住材堆之间，以及材堆与端墙之间的空隙，不让空气空流过去。卸料时可使挡板靠近墙边。

② 在材堆顶部两侧置活动挡板。挡板的上边连接在顶板上，可以转动，下边搭在材堆上，并使其伸出材堆侧部，遮住堆顶与顶板之间的空隙，不让空气流过。

③ 在材堆下部设置弧形挡板或台阶，挡住堆底空隙，防止空气流失。另外将干燥室顶部两角改为圆弧形，减小空气流动阻力。

初步实践证明,上述改进措施可以收到良好的效果。为使材堆高度上的循环速度分布均匀,可以采用斜侧壁(斜挡板)。对于周期式干燥室,可用调速电动机,在干燥过程后期(纤维饱和点以下时)减低转速,减小材堆的循环速度,可以节省30%的电力消耗,特别是对于干燥硬阔叶树材和大断面慢干木材的干燥室,比较合适。

综上所述,除加大风机能量外,改善干燥室的结构,合理组织气流循环,对于加强和均匀循环速度,提高木材干燥效果,具有重要的意义。

3.1.2 木材预干室

木材加工企业若位于气温较高或气候较干燥的地方,则可将气干和常规室干结合起来,先气干,再二次室干,可大大缩短干燥周期,降低能耗。如果气干板院管理得当,还可改善常规室干的质量。已有的实践表明:先将锯材气干,使含水率达到20%~30%,之后再进行室干,可提高干燥室生产率约40%,减少降等损失60%。

有条件的企业还可将低温预干与二次室干结合起来。即在大型低温预干室内预干锯材,预干室内干燥温度一般不超过40℃,材堆气流速度0.5~1m/s,然后在常规干燥室内二次干燥。此法对硬阔叶树材的干燥很有效,可显著提高干燥质量,降低能耗。

如图3-8所示为中央风机型预干室结构示意图。利用预干室将木材从湿材(或生材)状态干燥到含水率为纤维饱和点或略低于纤维饱和点。然后,在送至常规干燥室干燥至所需终含水率。在图3-8中风机安装在预干室的中部,而加热器安装在中部及两端。通常情况下,活动盖板可处于关闭状态,当夏季室外温度较高时,活动盖板打开,预干室即可成为改良的气干室。

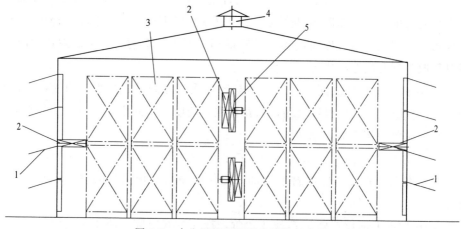

图 3-8　中央风机型预干室结构示意图
1—活动盖板;2—加热器;3—材堆;4—屋顶排气口;5—中央循环风机

如图 3-9 所示为大型预干室结构示意图。预干室中间设有中央通道，以方便运载叉车的进出，侧墙设置的百叶窗，主要作用是补充新风，从木材中蒸发出来的水分主要由屋顶排气口排出。如预干室容量较大，可将预干室分隔成若干个不同的区域，按区域码放不同树种的木材。该预干室也可作为木材平衡室使用，以实现对干燥后板材的贮存或养生。

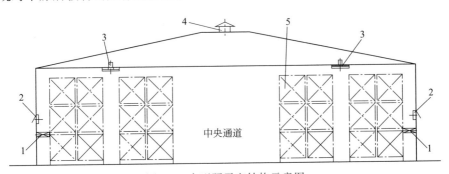

图 3-9　大型预干室结构示意图
1—加热器；2—百叶窗（新风入口）；3—循环风机；4—屋顶排气口；5—材堆

木材预干室的优点：

① 由于预干室的干燥温度较低，气流循环速度也较慢，所以，可在一定限度内将不同树种和厚度（但差别不能太大）的木材放在一起预干。大型预干室还可做成库房，随着加工的需要，逐步将木材取出，送至常规干燥室，干燥至终含水率。

② 在木材干燥的开始阶段，水分排出比较容易，和大气干燥相比，能节约大量时间。实践表明利用预干室，将 27mm 厚的半硬质材从初含水率为 70%～80% 预干至含水率为 20%～25%，仅需 20d 左右。

③ 由于预干室的干燥条件比较软，比较有规律，干燥质量优于大气干燥。

木材预干室的缺点：须有足够的木材贮存量；低温干燥周期长，资金周转较慢；对于容易干燥的针叶树材和软阔叶树材，以及寒冷地区，采用预干室的效果不太理想。

预干室特别适合于对硬阔叶树材、大断面木材、干燥质量要求较高的木材的联合干燥。例如柞木，不适合于高温干燥，而常规干燥时的降等报废率较大，采用预干室先行预干，而后进行常规干燥，效果良好。

3.1.3　连续式干燥室

木材连续式干燥室在结构上主要有三种类型：空气横向可逆循环，材堆纵向放置；空气纵向逆行循环，材堆纵向放置；空气纵向逆行循环，材堆横向放置。

如图 3-10（a）所示为空气纵向逆行循环、材堆纵向放置的连续式干燥室结构示意图。室内用顶板将干燥室分成上下两部分，下部为干燥间，放置多个材堆。上部为循环风道，布置有循环风机、加热器等。

湿端的空气在循环风机的带动下，经加热器流向干端，而后向下流到干燥间，逆着材堆的移动方向依次穿过材堆，流到湿端，再被风机所吸取。必要时打开进、排气口，进行换气。材堆的堆积须在板材之间留出空格，以便空气循环。材堆与墙壁、顶板之间的空隙宜小，能容材堆通过即可，不使空气从材堆外面空流而过。

连续式干燥室通常在 20m 以上，有的甚至长达 100m，被干木材在如同隧道一样的干燥室内连续干燥，部分干好的木材由室的一端（干端）卸出，同时由室的另一端（湿端）装入部分湿木材，干燥过程连续不断进行。

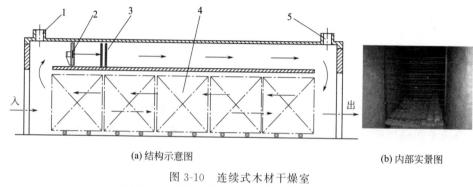

(a) 结构示意图　　　　　　　　　　　　　　　(b) 内部实景图

图 3-10　连续式木材干燥室
1—进气口；2—循环风机；3—加热器；4—材堆；5—排湿口

连续式干燥室生产量大，干燥操作简单，可用于大批量均质木材的干燥，特别是均质的针叶材或竹材（竹片）干燥，其经济效果比较显著。但此类干燥室空气介质条件的控制不如周期式干燥室精确，而且使用时，应尽可能地使推入干燥室的木材的树种、厚度及初含水率都相同。否则易造成干燥不均，且木材的干燥周期也很难确定。

3.1.4　干燥室性能检测

干燥设备的好坏主要用技术经济性能来衡量。不同类型的干燥室适合于不同的应用场合，必须根据企业的规模、可提供能源的种类、被干燥木材的特点及质量要求等来确定。

根据国家标准《锯材干燥设备性能检测方法》（GB/T 17661—1999）的规定，锯材干燥设备性能检测的项目如表 3-1 所列，具体检测方法请详见 GB/T 17661—1999 所述，以下就干燥室（机）容量、材堆平均循环风速、介质温度分布、密闭性能、保温性能、干燥成本等项摘录如下。

表 3-1　锯材干燥设备性能检测的具体项目表

序号	项目名称	序号	项目名称	序号	项目名称
1	干燥室(机)容量/m³	13	干燥室(机)防腐蚀性能	25	平均燃料耗量/(kg/m³)
2	干燥室(机)年产量/(m³/a)	14	干燥时间/h 或 d	26	最高送气温度/℃
3	容积利用系数	15	干燥质量	27	最大排水量/(kg/h)
4	材堆平均循环风速/(m/s)	16	电耗量/(kW·h/m³)	28	单位脱水平均电耗/(kW·h/kg 水)
5	材堆风速分布/(m/s)	17	干燥成本/(元/m³)	29	真空度/Pa
6	介质最高温度/℃	18	单位建筑面积/(m²/m³)	30	热板温度/℃
7	介质温度分布/℃	19	单位投资/(元/m³)	31	高频振荡功率/kW
8	介质温差/℃	20	最大蒸汽耗量/(kg/h)	32	高频振荡频率/MHz
9	材堆进出口介质温差/℃	21	平均蒸汽耗量/(kg/m³)	33	最大耗用功率/kW
10	介质温度升高速度/(℃/min)	22	加热面积/m²	34	集热器面积/m²
11	干燥室(机)密闭性能	23	单位加热面积/(m²/m³)	35	集热器单位面积/(m²/m³)
12	干燥室(机)保温性能	24	最大燃料耗量/(kg/d)	36	集热器进口温度/℃

注:摘自 GB/T 17661—1999。

（1）干燥室（机）容量　干燥室（机）容量指一间（台）干燥室（机）的木材装载量，为实际材积。分实际木料容量（E）和标准木料容量（E_y）两种，在干燥室的设计、试验和评定，以及计划生产中，以标准木料容量为准。

所谓标准木料是指厚度为 40mm、宽度为 150mm、长度大于 1m、按二级干燥质量从最初含水率 60% 干燥到最终含水率 12% 的松木整边板材。

（2）材堆平均循环风速　材堆平均循环风速的测定如图 3-11 所示，系在材堆侧面的长度上取 5～9 个测点（根据干燥室的长度），在高度上取 5（顶风机型、端风机型、风机位于堆高中部的侧风机型）～6（风机位于堆高下半部的侧风机型）个测点；长度上两端的测点距材堆端面大约 400～500mm，高度上的上、下测点距离堆顶及堆底大约 150mm（约两、三层木板），测点之间均布。测点标记在木板的侧边上，位于水平放置的两根垫条之间的空隙处。风速用热球式风速计进行测定，精度 0.001m/s，测定时在测点所在木板的上、下两面空隙处各测一次，用两次测定的平均值作为该测点的风速，并记录在统计表，然后进行统计。风速测定以标准木料为准（厚 40mm），垫条厚度采用 25mm。对于其他厚度的锯材，可按求得的材堆平均循环风速乘以相应折算系数来确定，见表 3-2 所列。

表 3-2　材堆平均循环风速折算系数表

锯材厚度/mm	15	18	20	22	25	30	35	40	45	50	55	60
折算系数	0.615	0.663	0.693	0.724	0.770	0.848	0.923	1.000	1.078	1.156	1.234	1.310

注:摘自 GB/T 17661—1999。

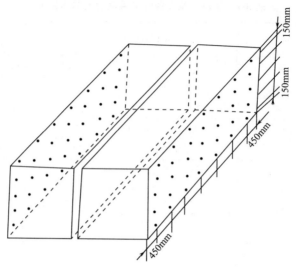

图 3-11　测定材堆平均循环风速的测点分布图（自 GB/T 17661—1999）

　　材堆循环风速包括材堆出口风速和进口风速，以出口风速为准。干燥针叶树与软阔叶树的中、薄厚度锯材时，无论单堆或双堆干燥室（即在气流方向上放置一个或两个材堆），其出口风速均不应小于 1m/s。干燥针叶树厚材与硬阔叶树锯材时，双堆或多堆干燥室的材堆出口风速不应小于 0.8m/s。每次测定应在材堆的两个侧面分别测定出口风速与进口风速。测定风速时应同时用转速计测定风机转速，并记明风机转动方向是正转或反转（气流通过叶轮流向电动机及轴系时为反转，反之为正转）。采用双（多）速电动机时，应分别测定不同转速下的风速。

　　对于用叉车装载小堆的干燥室，进口风速在迎着气流方向的第一列小堆侧面测定，出口风速在沿气流方向的最后一列小堆的侧面测定。

　　（3）介质温度分布　　干燥室内介质温度分布的测定是在有载和开动风机及加热器的干燥过程运行条件下进行的。如图 3-12 所示，测点分布于材堆的两个侧面上，在材堆高度的上、中、下，长度的前、中、后共取 9 个测点。上、下测点距堆顶及堆底约为材堆高度（H）的 1/20，一般约为 130mm（堆高 2.6m）、150mm（堆高 3m）或 200mm（堆高 4m）。前、后测点距材堆端面约为材堆长度（L）的 1/20，一般约为 200mm（堆长 4m）或 300mm（堆长 6m）或 400mm（堆长 8m）等。测点位于上下两层木料及左右两根垫条之间的空隙处。

　　测定方法：可用多点数字温度计在材堆一侧或两侧同时进行测定。即将每台多点数字温度计的 9 个感温探头分别固定在材堆每侧的 9 个测点位置上，等气流稳定后，在室外尽快依次读取各点温度值，并做好记录。如无多点数字温度计，也可用玻璃温度计进行测定。即将 9 只或 18 只玻璃温度计固定在材堆一侧或两侧的各个测点位置上，干燥室内每侧进入三人，每人负责一列上、中、下三个测点，等气流稳定后，同时开始尽快读取温度值。测定时干燥室内的介质温度规定在 45～50℃（多点数字温度计）或 30～35℃（玻璃温度计），相对湿度不超过85%。温度计的最小分度为 1℃，测温精度为±1℃。

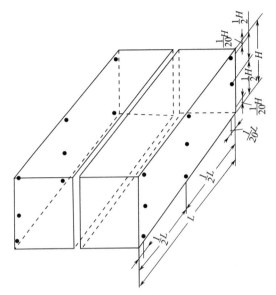

图 3-12　测定介质温度的测点分布图（自 GB/T 17661—1999）

干燥室（机）内介质温差为材堆侧面的最高温度（t_{max}）与最低温度（t_{min}）的差值。不宜超过 6℃［单堆干燥室（机）］～8℃［双堆或多堆干燥室（机）］，详见 GB/T 17661—1999。

（4）干燥室（机）密闭性能　干燥室（机）密闭性能按介质温度升高速度（℃/min）的测定结果来检验，在无载条件下进行，蒸汽压力保持在 0.4～0.5MPa，测定前应将干燥室内的介质温度预热到 20℃（冬季）或 30℃（北方夏季）～40℃（南方夏季）。测定时紧闭室门及进、排气道，打开通风机、加热器及喷蒸管。每隔 2～5min 观测干、湿球温度一次并记录。密闭性能以当干球温度小于等于 100℃时，室内能够形成 100% 的相对湿度，并能保持 30～60min；当干球温度大于 100℃时，湿球温度应能稳定在 98～100℃来衡量。

（5）干燥室（机）保温性能　干燥室（机）保温性能是在无载或有载情况下，室内介质温度达 100℃或以上时，按干燥室（机）壳体外表面的平均温度与环境温度的温差不超过 20℃来衡量的。

测量方法：将干燥室（机）壳体的外表面按 500～1000mm 边长划分成等面积的矩形或方形块，用半导体点温度计在矩形或方形块的中点测量表面温度，同时用玻璃温度计测量干燥室（机）壳体周围环境（管理间）的温度［应不低于室温（20℃）］，然后统计比较。

（6）干燥成本　根据《锯材干燥设备性能检测方法》（GB/T 17661—1999）的规定，1m³标准木料的干燥成本 D（元/m³），包括设备折旧费（F_1）、保养维修费（F_2）、能耗费（F_3）、工资费用（F_4）木材降等费（F_5）及管理费（F_6），按下式确定：

$$D = F_1 + F_2 + F_3 + F_4 + F_5 + F_6 \qquad (3\text{-}1)$$

① 设备折旧费　设备折旧费（F_1）按下式确定：

$$F_1(元/m^3) = \frac{T}{N_{yz} \times Y} \qquad (3\text{-}2)$$

式中　T——设备总投资，元；

N_{yz}——全部干燥室（机）标准木料年总生产量，m³/a；

Y——设备使用年限，年。对于常规、除湿、太阳能干燥室及其室内设备：砖砌混凝土壳体取为 15～20 年，金属壳体取为 8～10 年（外钢板内铝板或内外彩色钢板）——10～15 年（内外铝板，外铝板内不锈钢板），砖砌外壳铝板内壳取为 10～15 年。对于真空干燥机及其附属设备取为 8～10 年。

② 保养维修费　保养维修费（F_2）按下式确定：

$$F_2(元/m^3) = \frac{TW}{N_{yz}} \qquad (3\text{-}3)$$

式中　W——保养维修费占设备总投资的比率，%，数值如下：常规蒸汽干燥设备取为 1%～2%；除湿干燥设备取为 3%～4%；真空干燥设备取为 2%～3%。

③ 能耗费　能耗费（F_3）包括燃料或蒸汽费（$F_{3.1}$）及电费（$F_{3.2}$）。

a. 燃料或蒸汽费　燃料或蒸汽费（$F_{3.1}$）按下式确定：

$$F_{3.1}(元/m^3) = \frac{Q \times P_1}{E_y} \qquad (3\text{-}4)$$

式中　Q——一间（台）干燥室（机）一次干燥木材耗用的燃料量（kg）或蒸汽量（kg），用实际计量或按蒸汽流量计确定；

P_1——燃料或蒸汽的价格，元/kg；

E_y——干燥室（机）标准木料容量，m³。

b. 电费　电费（$F_{3.2}$）按下式确定：

$$F_{3.2}(元/m^3) = \frac{I \times P_2}{E_y} \qquad (3\text{-}5)$$

式中　I——一间（台）干燥室（机）一次干燥木材所用的总电量，kW·h，用电度表查得；

P_2——每度电的价格，元/（kW·h）。

如已知干燥室（机）全部电动机的安装总功率（N_2）及风机的运行时间（d），可用下式确定 I：

$$I(\text{kW·h}) = N_2 \times \rho \times n \times 24$$

式中　ρ——风机的荷载系数，实测求出，或取为 0.8；

　　　n——电动机运行天数，d；

　　　24——一天等于 24h。

则 $F_{3.2}$ 按下式确定：

$$F_{3.2}(\text{元}/\text{m}^3) = \frac{N_2 \times \rho \times n \times P_2 \times 24}{E_y} \tag{3-6}$$

④ 工资费用　工资费用（F_4）按下式确定：

$$F_4(\text{元}/\text{m}^3) = \frac{C \times m \times \tau}{E_y \times 30} \tag{3-7}$$

式中　C——工人的月平均工资额，元/人；

　　　m——工人数量，包括堆积、运输、干燥室操作等工人；

　　　τ——干燥周期，d；

　　　30——每月天数。

⑤ 木材降等费　木材降等费（F_5）按下式确定：

$$F_5(\text{元}/\text{m}^3) = \frac{M \times P_3}{E_y} \tag{3-8}$$

式中　M——一次干燥的降等木材以标准木料计的数量，m^3；

　　　P_3——降等木材以标准木料计的降等前后差价，元/m^3。

锯材等级按 GB/T 153《针叶树锯材》及 GB/T 4817《阔叶树锯材》分等划分。

⑥ 管理费　管理费按下式确定：

$$F_6(\text{元}/\text{m}^3) = (F_1 + F_2 + F_3 + F_4 + F_5) \times S \tag{3-9}$$

式中　S——管理费比率，一般取为 3%～5%。

3.1.5　技术经济性能及选型

（1）技术经济性能　干燥设备的技术经济性能，应包括工艺性能、使用性能、节能效果和经济效果四个方面。

① 工艺性能　干燥设备在正常运行条件下，升温范围应能达到 100～120℃；调湿范围应不小于 30%～98%；通过材堆的气流速度（以标准材料为准），在材堆出风侧按上、中、下、前、中、后 9 个测量点的水平气道内测得的平均风速不

应小于（1±0.2）m/s（其中0.2为均方差）；材堆同一侧9个测量点的温度分布均匀度，最大绝对偏差不应超过5℃，对平均值的均方差不应超过2℃。

② 使用性能　干燥室的使用性能包括使用的可靠性、方便性、耐久性和安全性。可靠性即性能稳定、工作可靠、设备无故障运行时间长。方便性是温、湿度容易调节和控制，操作方便，劳动强度低，设备的维护保养也方便。耐久性是指设备材料好，质量好，耐腐蚀性能好，不易损坏，使用寿命长。安全性指不会发生火灾，使用没有危险性，干燥质量有保证。

③ 节能效果　从单位材积的装机功率和实耗能量两个角度来评价。

干燥室的装机功率，应以标准材料堆出风侧的平均气流速度不低于（1±0.2）m/s且不大于 $0.16kW/m^3$ 的单位材积的装机功率为准，应不大于 $0.16kW/m^3$。若太大，将意味着节能效果较差。

实耗能量以标准材料计，即4cm厚松木整边板从初含水率60％干燥到12％，并符合二级材的干燥质量指标，且合格率不低于96％的条件下（若被干木料为其他树种，其他规格时，应换算成标准材料），每 $1m^3$ 木材所消耗的电能和热能，并换算成总的标准煤耗；同时计算出每蒸发1kg水分所消耗的电能、热能及标准煤耗。

④ 经济效果　经济效果主要评价以干燥 $1m^3$ 标准材料为准的单位材积投资费用和单位材积的干燥成本。

（2）常规干燥室的选型　木材干燥室的结构、类型多种多样。选择干燥室的形式是生产中常常碰到的问题，由于各种类型的干燥室都有各自的优缺点，对于某一类型的干燥室来说，可能在这种情况下是适用的，但在另一种情况下可能就不很适用。必须根据具体情况进行具体分析，然后选用比较合适的干燥室。

干燥设备的好坏主要用技术经济性能来衡量。不同类型的干燥室适合于不同的应用场合，必须根据企业的规模、可提供能源的种类、被干燥木材的特点及质量要求来确定。

选择干燥室类型的依据主要是被干木材的树种、规格和数量，木材的用途对干燥质量的要求以及生产单位的具体情况等。

蒸汽加热的木材干燥法主要优点是技术性能稳定，工艺成熟，操作方便（温、湿度易于调节和控制），干燥质量有保证；干燥室的容量较大，节能效果较好，干燥成本适中或偏低。缺点是需要蒸汽锅炉。因此，蒸汽加热干燥法是国内外应用最普遍的木材干燥方法。

节能减排是永恒的主题，从干燥技术的发展来看，今后木材干燥的变化或许是干燥所需的能源，而不是干燥方法本身。因此我国相关学者和企业技术人员，有责任在高效节能干燥技术的研究、推广方面，继续做出大量卓有成效的工作。

选择干燥设备时还应充分注意：干燥设备产品的技术经济指标；有无技术鉴定证书或质检部门对产品的检测与认定证书；考察产品性能、质量及品牌；制造商的技术力量、信誉及售后服务，包括是否提供安装、调试和技术培训等服务；以及价格是否合理等。

3.2　干燥室设备

木材人工干燥的实质，就是给木材人为地创造一个外部环境，使木材在一定的温度、湿度和气流速度下逐步排出其内部的水分。人们可以通过调节环境中的温度、湿度和风速等，使空气介质适应于不同树种、厚度及含水率材堆的干燥的需要。

如图 3-13 所示为木材常规干燥室设备组成示意图。主要组成设备包括：供热与调湿设备、通风设备、木材的运载设备、检测和控制设备等。具体介绍如下。

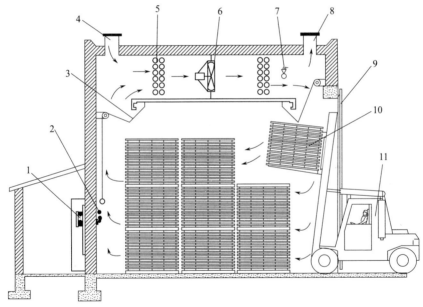

图 3-13　木材常规干燥室设备组成示意图
1—控制器；2—温湿度检测装置；3—活动挡板；4—进气口；5—加热器；6—循环风机；
7—喷蒸管；8—排湿口；9—大门；10—材堆；11—叉车

3.2.1　供热与调湿设备

木材干燥室内的供热与调湿设备主要包括：加热器、喷蒸管或喷水管、疏水阀、进排气口、连接管路及阀门等。

如图 3-14 所示为蒸汽为热媒时供热系统组成示意图，由图可见，来自于从锅炉系统的饱和蒸汽，经由蒸汽管路系统送至干燥室，干燥室内部的加热器可分

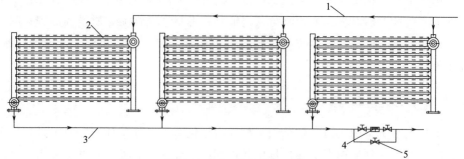

图 3-14　蒸汽为热媒时供热系统组成示意图
1—蒸汽管；2—加热器；3—回水管；4—疏水阀；5—快速疏水阀门

成若干组，多采用并联的方式联结，以确保干燥室内加热升温的一致性。干燥室内的干燥介质（湿空气）通过加热器与热媒（饱和蒸汽）实现热量交换，湿空气被加热升温后用于干燥木材，而放出热量的饱和蒸汽则变为冷凝水后汇入回水管，并通过疏水阀排出。回水管路中设有快速疏水阀门，以满足不同处理的需求。

（1）加热器　木材干燥室安装加热器，用于加热室内空气，提高室内温度，使空气成为含有足够热量的干燥介质，或者使室内水蒸气过热，形成常压过热蒸汽作为干燥介质干燥木材。加热器要根据设计干燥室时的热力计算配备，以保证其散热面积和传热系数；加热器的安装要求操作时能灵活可靠地调节放热量的大小，并且当温度变化幅度比较大时，加热器的结合处不松脱。

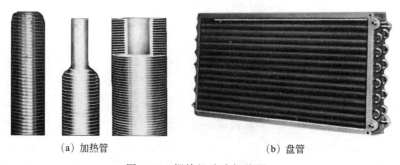

（a）加热管　　　　　　　　　　　（b）盘管

图 3-15　螺旋翅片式加热器

① 加热器的分类　用于木材干燥室内的加热器，可分为铸铁肋形管、平滑钢管和螺旋翅片管这三种。其中铸铁肋形管、平滑钢管是早期干燥室中常用的加热器，现已应用较少。目前新建干燥室，几乎全部采用双金属挤压型复合铝翅片加热管，如图 3-15 所示。

铸铁肋形管加热器有圆翼管、方翼管两种。其优点是：坚固耐用、散热面积大；缺点是：重量大，易积灰尘。平滑钢管加热器（无缝钢管）的优点是：构造简单，接合可靠，安装、维修方便，传热系数较高，不易积灰尘；缺点是：散热面积小。螺旋翅片加热器有绕片式和整体式两种。绕片式是在无缝钢管外绕钢带（或铜、铝带）成螺旋片状，并经镀锌（或锡），使钢管和翅片连接成一体，即成为绕片管，再由绕片管焊接成整体的加热器；整体式是先在基管（钢管或铜管）上套铝管，然后在表层的铝管上轧制出翅片，挤压形成整体式结构。螺旋翅片加热器的优点是：形体轻巧，安装方便，散热面积大，传热性能良好；缺点是：对气流阻力大，翅片间隙易被灰尘堵塞，降低加热器效应。从目前应用情况来看，整体式螺旋翅片加热器应用最多。

② 加热器散热面积的计算

$$\because 放热量\ Q = FK(t_{蒸} - t_{空气})$$

$$\therefore 加热器的散热面积：F = \frac{QC}{K(t_{蒸} - t_{空气})} \tag{3-10}$$

式中　F——加热器表面积，m^2；

　　　Q——加热器应放出的热量，kJ/h；

　　$t_{蒸}$——加热器材管道内蒸汽的平均温度，℃；

　$t_{空气}$——干燥介质的平均温度，℃；

　　　C——后备系数，取为 1.1～1.3；

　　　K——加热器的传热系数，$W/(m^2 \cdot ℃)$。

在式（3-10）中，由于加热器应放出的热量 Q 是干燥室设计中的已知条件，因此，在运用式（3-10）进行加热器散热面积的计算时，关键是要确定出加热器的传热系数 K 值。由于加热器的布置形式、流经加热器外表面的介质流速以及加热管内热媒性质等因素的不同，传热系数 K 值的计算公式繁多。具体在确定传热系数 K 值时，可参考生产厂家提供的样本说明。

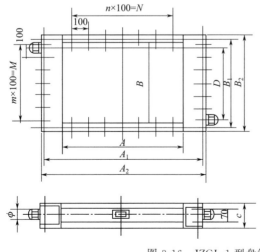

盘管厚度尺寸

管排数	2	3
c	120	166

图 3-16　IZGL-1 型盘管

例如：天津某厂生产的 IZGL-1 型盘管，如图 3-16 所示。它是以蒸汽为热媒加热空气的换热装置，广泛应用于化工食品、建筑等工业的生产之中，也可以成为集中和局部空调的组成部分。其梯型的肋片截面，可获得更好的传热性能，产品质量可靠，性能优良，具有传热性能高、耐腐蚀、耐高温、寿命长等特点。IZGL-1 系列产品有五种宽度，九种长度，及两排、三排两种厚度，共 30 种规格。产品可根据用户的使用需要，任意串、并联组合。表 3-3 所示为 IZGL-1 型管盘性能参数表。

表 3-3 IZGL-1 型管盘性能参数

管排数	传热系数 $K[W/(m^2 \cdot \text{℃})]$	空气阻力 $\Delta h/Pa$
2	$K = 23.54 \cdot V_r^{0.301}$	$\Delta h = 12.16 \cdot V_r^{1.43}$
3	$K = 19.64 \cdot V_r^{0.409}$	$\Delta h = 17.35 \cdot V_r^{1.55}$
4	$K = 19.46 \cdot V_r^{0.412}$	$\Delta h = 27.73 \cdot V_r^{1.51}$

注：V_r 为迎风面质量流速，$kg/(m^2 \cdot s)$。

③ 加热器的配备与安装　加热器面积的配备，因被干木材的树种、厚度及选用加热器的类型而异。选用光滑管或绕片式散热器时，一般每立方米实际材积需要 2～6m^2 散热面积；用串片式散热器需要 4～8m^2；用铸铁散热器时一般需要 7～10m^2；如果采用高温干燥时，散热器的面积要增加一倍。

加热器在安装时应注意以下几个问题：

a. 为保证沿干燥室的长度方向散热均匀，在安装加热器时，一般应从大门端进气（对热量的漏失可得以补偿），这样可减少在干燥室长度方向上的温度差。

b. 加热器应布置在循环阻力小，散热效果好，且便于维修的位置；各种热媒的加热器在安装时均不可与支架成刚性连接。

c. 以蒸汽为热媒的加热器应以加热器上方接口为蒸汽进端，下方接口为蒸汽冷凝水出端，并按蒸汽流动方向留有 0.5%～1% 的坡度。

d. 以热水或热油为热媒的加热器应以加热器下方接口为热媒进端，上方接口为热媒出端。按热媒流动方向上扬 0.5%～1% 的坡度，并在加热器超过散热片以上的适当位置加放气阀。

e. 大型干燥室加热器宜分组安装，自成回路，可根据所需的干燥温度，全开或部分打开。

f. 加热器管线在温度变化时，长度上应能自由伸缩，长度超过 40m 的主管道应设有伸缩装置。

（2）喷蒸管或喷水管　喷蒸管或喷水管是用来快速提高干燥室内的温度和相对湿度的装置。在干燥过程中，为克服或减少木材的内应力发生，必须及时对木材进行预热处理、中间处理和终了处理，这就需要使用喷蒸管或喷水管向干燥室内喷射蒸汽或水雾，以便尽快达到要求的温度和相对湿度。

喷蒸管是一端或两端封闭的管子，管径一般为 1.25~2in（1in＝0.0254m），管子上钻有直径为 2~3mm 的喷孔，孔间距为 200~300mm。喷水管与喷蒸管的不同之处在于，喷水管的水喷出位置要安装雾化喷头。喷蒸管或喷水管的喷蒸流量决定于干燥室容积和规定的喷蒸时间。在使用喷水管进行加湿时要注意，由于水雾在干燥室内蒸发为水蒸气时，要吸收一定的热量，这会略微降低干燥室内的温度。此外，为达到良好增湿效果，喷水管的水压必须达到 3~5kgf/cm²（1kgf/cm²＝98.0665kPa）。如达不到这一压力，或喷管设计不当，不但达不到增湿效果，反而会将木材浇湿。

喷蒸管或喷水管安装应符合以下规定：

a. 喷孔或喷头的射流方向应与干燥室内介质循环方向一致；

b. 在干燥室长度方向上喷射应均匀；

c. 不应将蒸汽或水直接喷到被干燥的锯材上，否则，将使木材发生开裂或污斑。

通常在强制循环干燥室内两侧各设一条喷蒸管，根据气流循环方向使用其中的一根。喷蒸管的喷孔容易被水垢和污物堵塞，应当经常检查及时清除。

（3）疏水阀　疏水阀是安装在加热器管道上的必须设备之一，其作用是排出加热器中的冷凝水，阻止蒸汽损失，以提高加热器的传热效率，节省蒸汽。疏水阀的类型较多，根据其工作原理的不同，可分为机械型、热静力型、热动力型三种。在木材干燥生产中通常使用的是热动力式和浮球式。

① 热动力式疏水阀　如图 3-17 所示为热动力式疏水阀的剖面及实物图，其适用于蒸汽压力不大于 16kgf/cm²（1.6MPa）、温度不大于 200℃ 的场合。安装位置在室内或室外皆可，不受气候条件的限制。

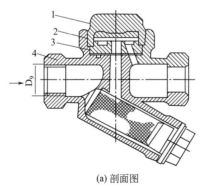

(a) 剖面图　　　　　　　　(b) 实物图片

1—阀盖；2—阀片；3—阀座；4—阀体

图 3-17　热动力式疏水阀

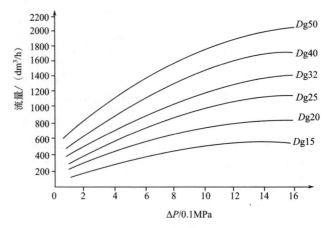

图 3-18　S19H-16 热动力式疏水器的性能曲线（自采暖通风设计手册，1979）

此种疏水阀的性能曲线如图 3-18 所示，其选用主要根据疏水阀的进出口的压力差 $\Delta P = P_1 - P_2$ 及最大排水量而定。

a. 疏水阀的进出口的压力差：

$$\Delta P = P_1 - P_2 \tag{3-11}$$

式中　P_1——取比加热器进口压力小（1/10～1/20）0.1MPa 的数值；

　　　P_2——取 $P_2=0$（排入大气）；$P_2=0.03～0.06$MPa（排入回水系统）。

b. 水流量 Q 因为蒸汽设备开始使用时，管道中积存有大量的凝结水和冷空气，如按出水常量选用，则管道中积存的凝结水和冷空气不能在短时间内排出，因此，按凝结水常量加大 2～3 倍选用。即实际的 Q 比计算的 $Q_{计}$ 大 2～3 倍。

【例 3-1】已知干燥室加热器的平均蒸汽消耗量为 300dm³/h，进入干燥室的蒸汽压力为 0.40MPa，凝结水自由地倾泻入水箱，试选疏水阀型号。

解：已知蒸汽压力为 0.40MPa（4.0kgf/cm²），

疏水阀进口压力 $P_1 = 0.95 \times 4.0 \approx 0.38$MPa（3.8kgf/cm²）

压力差 $\Delta P = (P_1 - P_2) = 0.38 - 0 = 0.38$MPa（3.8kgf/cm²）

疏水阀最大排水量 $= 300 \times 3 = 900$dm³/h

根据已知的压力差 0.38MPa 及最大排水量 900dm³/h，查图 3-18 可知，应选用公称直径 D_g40 的 S19H-16 热动力式疏水阀。

② 自由浮球式疏水阀　如图 3-19 所示为自由浮球式疏水阀的结构及实物图，适用于蒸汽压力不大于 1.6MPa、工作温度不大于 350℃ 的蒸汽供热设备及蒸汽管路上。其结构简单，内部只有一个活动部件精细研磨的不锈钢空心浮球，既是浮子又是启闭件，无易损零件，灵敏度高，能连续排水，使用寿命较长。

当开始工作时，开启设在阀盖上的手动放气阀或自动排空气装置，大量的冷

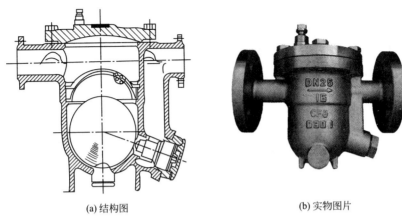

(a) 结构图   (b) 实物图片

图 3-19   自由浮球式疏水阀

空气或不凝结气体在蒸汽和凝结水推动下排出体外后，关闭放气阀。这时疏水阀处于关闭状态，随着时间的延续流入阀内的凝结水逐渐增多，也就是说体腔内液面升高到浮力大于球体自身重力及阀口面积作用力时，球体浮起打开阀口，大量的凝结水迅速排往阀后。

在排水过程中，液面逐渐下降，由于体腔内压力分布不均匀，阀口处压力最低，使漂浮在液面的浮球受到不平衡的力，推动浮球向阀口浮动，直至封闭阀口，此时体内底部支点顶住浮球，使浮球不能继续下降，排水停止。此时液面与阀口有一定距离，因此形成水封，阻止蒸汽逸漏。

疏水阀安装得是否正确，与其能否发挥性能功效有很大的关系。安装时，疏水阀的位置应低于凝结水排出点，以便能及时排出凝结水。为使疏水阀在检修期间不停止加热器的工作，或在干燥设备开始运行需大量排出冷凝水时，需在疏水阀的管路上装设旁通管（图 3-20）。

图 3-20   装有旁通管的疏水阀管路

此外在使用疏水阀时还应注意以下几点：

a. 要定期检查严密性；

b. 定期清洗滤网和壳体内的污物；

c. 疏水阀中断使用后，在再次使用前应进行分解、清洗；

d. 在冬季要做好防冻工作，不用时应将内部存水放尽，以免冻裂。

(4) 管路阀门 阀门是蒸汽加热管路上最基本的元件之一，也是控制整个干燥系统的重要组成部分。一般在干燥室管路系统中有较多的截止阀，如总进气阀门、手动控制中的加热阀、喷蒸阀及疏水阀前的截止阀等。简要介绍如下。

① 蒸汽管道上的截止阀 截止阀如图 3-21 所示，其功能包括对干燥过程参数的控制及用于设备检修。

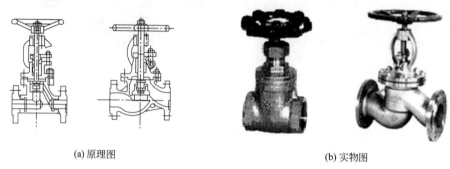

(a) 原理图   (b) 实物图

图 3-21 截止阀

② 电磁阀 如图 3-22 所示，电磁阀是木材干燥半自动控制及全自动控制中应用较为普遍的控制器件，主要用在加热用蒸汽管道及喷蒸用蒸汽管道上。

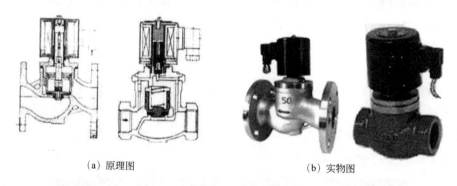

(a) 原理图   (b) 实物图

图 3-22 电磁阀

③ 电动阀 如图 3-23 所示，电动阀一般均用于全自动控制系统上，控制要求较高的场合，因其成本较高，在国外进口设备上用得较多，国产设备上用的还比较少。其特点之一是由于是电机带动开启，有一个较慢的过程，因此，高压蒸汽对加热管道造成的冲击较小。

(5) 进排气口 在木材干燥过程中，进气口用于向干燥室导入新鲜空气，而排气口用于排放湿空气。干燥室中进、排气口的大小、数量及位置是影响木材干燥的重要因素，直接影响到干燥室的技术性能。通常进、排气口成对地布置在风机的前、后方。根据干燥室的结构，可以设在室顶，也可设在室壁上。

进排气口的结构、安装示意图，如图 3-24 所示。由于从木材中释放出来的酸性物质腐蚀性较强，所以，进排气口一般应用铝板制作。进排气口需设置可调节的阀门，干燥室的进气量和排气量应维持在木材干燥所必需的最低水平，以减少进排气热损失。进气量和排气量取决于干燥木材的树种、初含水率和需达到的终含水率、木材的厚度以及材堆的堆积密度等。

图 3-23 电动阀实物图

通过调节阀门控制排气量，使排气量稳定在为保持干燥室内空气介质的规定相对湿度所需的最佳值。

（a）方形 （b）圆形 （c）实景图片

图 3-24 进排气口结构、安装示意图

通常情况下，进排气口直径和数量应与按需要排出的水分计算得的排风量相当。排气口必须设在风机的风压所及范围内，以利于在风机驱动下，将湿空气排出。同样，进气口应设在风机能抽取到新鲜空气的地方，使干燥空气得以借风机之力而进入干燥室。使用逆转风机，由正转变为逆转时，进气口变为排气口，排气口变为进气口。

铝制进排气道装于砖混结构室体的预埋孔中时，应在室内侧进排气道周边的缝隙中嵌塞沥青麻丝后用防水水泥砂浆涂封。此外，进排气道室外部分应能有效地防雨和防风。

3.2.2 通风设备

用对流加热的方法干燥木材必须要有干燥介质的流动，在木材干燥室中，安装通风机能促使气流强制循环，以加强室内的热交换和木材中水分的蒸发过程。

通风机按其作用原理与形状可分为轴流式通风机和离心式通风机两种，根据其压力可分为高压（3kPa 以上）、中压（1～3kPa）和低压（不大于 1kPa）三种。木材干燥室一般多采用低压和中压通风机。

通风机的性能常以气体的流量 Q（m^3/h）、风压 H（Pa）、主轴转速 n（r/min）、轴功率 N（kW）及效率 η 等参数表示。尺寸大小不同而几何构造相似的一系列通风机可以归纳为一类。每一类通风机的风量 Q、风压 H、转速 n、轴功率 N 之间存在着一定的相互关系，见表 3-4。

表 3-4　风机性能参数的关系

按介质密度 γ 换算	按转速 n 的换算	按叶轮直径 D 换算	换 γ、n、D 换算
$Q_2=Q_1$	$Q_2=Q_1\dfrac{n_2}{n_1}$	$Q_2=Q_1\left(\dfrac{D_2}{D_1}\right)^3$	$Q_2=Q_1\dfrac{n_2}{n_1}\left(\dfrac{D_2}{D_1}\right)^3$
$H_2=H_1\dfrac{r_2}{r_1}$	$H_2=H_1\left(\dfrac{n_2}{n_1}\right)^2$	$H_2=H_1\left(\dfrac{D_2}{D_1}\right)^2$	$H_2=H_1\dfrac{r_2}{r_1}\left(\dfrac{n_2}{n_1}\right)^2\left(\dfrac{D_2}{D_1}\right)^2$
$N_2=N_1\dfrac{r_2}{r_1}$	$N_2=N_1\left(\dfrac{n_2}{n_1}\right)^3$	$N_2=N_1\left(\dfrac{D_2}{D_1}\right)^5$	$N_2=N_1\dfrac{r_2}{r_1}\left(\dfrac{n_2}{n_1}\right)^3\left(\dfrac{D_2}{D_1}\right)^5$
$\eta_2=\eta_1$	$\eta_2=\eta_1$	$\eta_2=\eta_1$	$\eta_2=\eta_1$

注：1. 注脚符号"1"表示已知的性能及其参数关系，注脚"2"表示所求的性能及关系参数。

2. 风机性能一般均指在标准状态下的风机性能，标准状态系指大气压力 $P=7.6kPa$，大气温度 $t=20℃$，相对湿度 $\varphi=50\%$ 时的空气状态。标准状态下的空气密度 $\gamma=1.2kg/m^3$。

3. 摘自 Кречетов，1980。

【例 3-2】某型号的风机，叶轮直径 $D_1=400mm$，转数 $n_1=1400r/min$，流量 $Q_1=3500m^3/h$，风压 $H_1=100Pa$，轴功率 $N_1=0.37kW$，若将叶轮直径放大到 $D_2=800mm$，转数放慢为 $n_2=700r/min$，求流量、风压及轴功率有何变化？

解：本例中空气的状态没有改变，故

$$\gamma_1=\gamma_2$$

$$Q_2=Q_1\frac{n_2}{n_1}\left(\frac{D_2}{D_1}\right)^3 \tag{3-12}$$

改变后的流量 $Q_2=3500\times\dfrac{700}{1400}\times\left(\dfrac{800}{400}\right)^3=14000(m^3/h)$

又 $\because H_2=H_1\dfrac{r_2}{r_1}\left(\dfrac{n_2}{n_1}\right)^2\left(\dfrac{D_2}{D_1}\right)^2$ $\tag{3-13}$

改变后的风压 $H_2=100\times\left(\dfrac{700}{1400}\right)^2\times\left(\dfrac{800}{400}\right)^2=100(Pa)$

又 $\because N_2=N_1\dfrac{r_2}{r_1}\left(\dfrac{n_2}{n_1}\right)^3\left(\dfrac{D_2}{D_1}\right)^5$ $\tag{3-14}$

改变后的功率 $N_2=0.37\times\left(\dfrac{700}{1400}\right)^3\times\left(\dfrac{800}{400}\right)^5=1.48(kW)$

从表 3-4 看出当风机直径不变，若主轴转速加大到 2 倍，则风量也加大到 2 倍，但功率消耗则加大 8 倍；从计算实例中可见，若相似风机的叶轮直径加大到 2 倍，而将主轴转速减少一半，则风量可增加到 4 倍，而功率消耗只增加到 4 倍，风压不变。由此可见，利用提高主轴转速的方法来加大风量是不经济的。当干燥室内气流运动的阻力不大时，利用加大叶轮直径并适当降低主轴转速的办法（即大风机低转速）来提高风量是经济有效的。

（1）轴流式通风机　轴流式通风机如图 3-25 所示，它是以与回转面成斜角的叶片转动所产生的压力使气体流动的，气体流动的方向和机轴平行。其叶轮由数个叶片组成，轴流式通风机的类型很多，其主要区别在于叶片的形状和数量。通常使用的有 Y 系列低压轴流通风机和 B 系列轴流风机等。风机叶片数目为 6～12 片，叶片安装角一般为 $20°\sim23°$（Y 系列），或 $30°\sim35°$（B 系列）。Y 系列轴流风机可用于长轴型、短轴型或侧向通风型干燥室；B 系列轴流风机由于所产生的风压比较大（大于 1kPa），一般可用于喷气型干燥室。与离心风机相比轴流风机具有送风量大而风压小的特点。

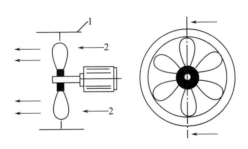

(a) 原理图(P.若利 F.莫尔-谢瓦利埃，1985)　　　　(b) 实物图

图 3-25　轴流式通风机

木材干燥室所采用的轴流式风机可分为可逆转（双材堆）和不可逆转（单材堆）两类。可逆转风机的叶片横断面的形状是对称的，或者叶片形状不对称而相邻叶片在安装时倒转 180°。可逆通风机无论正转或逆转都产生相同的风量和风压。不可逆转通风机叶片横断面是不对称的，它的效率比可逆通风机的效率高。

木材干燥用轴流风机不同于普通轴流风机，它要求能够频繁地进行正反风向工作，有尽量一致的正风、反风性能，以满足强制循环干燥室中木材干燥的工艺要求。目前国内厂家已开发出能耐高温、高湿的木材干燥专用轴流风机，选用铝合金和不锈钢制作，型号达九种，依次为 No3、4、5、5.5、6、7、8、9、10。每一种机号的叶片又可安装成客户需要的角度，经实际生产运用完全能满足木材干燥的使用要求。其配用电机绝缘等级为 H 级（180℃），防护等级为 IP54。

如图 3-26 所示为木材干燥专用轴流式通风机的安装尺寸图。由于机号有异、叶轮直径不同、叶片安装角度可调、主轴转速快慢等，故其风量、风压及消耗动力亦随之不同，风压由 60～400Pa，风量由 1000～60000m³/h。在实际使用时可参考厂家提供的风机性能表进行选用和配置。

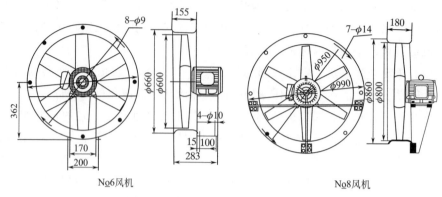

图 3-26　轴流式通风机的安装尺寸图

（2）离心式通风机　离心式通风机如图 3-27 所示，由叶轮与蜗壳等部分组成。当叶轮离心式风机工作时，叶轮在蜗壳形机壳内高速旋转，迫使叶轮中叶片之间的空气跟着旋转，因而产生了离心力，使充满在叶片之间的空气在离心力的作用下沿着叶片之间的流道被甩向叶轮的外线，使空气受到压缩，这是一个将原动机的机械功传递给叶轮内的空气，使空气的压力增高的过程。这些高速流动的空气，在经过断面逐渐扩大的蜗壳形机壳时，速度逐渐降低，因此，流动的空气中有一部分动压转化为静压，最后以一定的压力（全压）由机壳的排出口压出。与此同时，叶轮的中心部分由于空气变得稀薄而形成了负压区，由于入口呈负压，使外界的空气在大气压力的作用下立即补入，再经过叶轮中心而去填补叶片流道内被排出的空气。于是，由于叶轮不断地旋转，空气就不断地被吸入和压出，从而连续地输送空气。

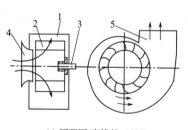
(a) 原理图(李维礼,1993)

(b) 实物图

1—蜗壳；2—叶轮；3—机轴；4—吸气口；5—排气口
图 3-27　离心式通风机

离心式通风机在木材干燥生产上主要用于喷气型干燥室，现该结构的室体结构较少采用。离心风机一般安装在室外的管理间或操作室内。

在木材干燥室的设计过程中，风机的选择及风量和风压的确定是一个非常重要的问题。通常情况下，干燥室内的干燥介质，在风机的带动下通过加热器并穿过材堆时，其载荷的下降是很大的。因此，为干燥室配备风机时，必须认真选择。有时，干燥室并不理想，但风机选得好，仍可显著改善木材的干燥效果。一般来说，轴流风机的送风量较大，风压较小；离心式风机则相反，风压较大，而送风量较小。

根据风机的送风量和风压等参数，可绘制出反映风机性能的曲线即风机的性能参数曲线。从曲线图即可查出以下数据：①在一定风速条件下的风机总风压，它取决于送风量，还可能与静压力及动压力有关；②不同送风量所需的输入功率；③风机效率。在通风机具体选型时，首先要对干燥室进行准确的动力计算，根据干燥室内气流的循环方式及流经材堆的风速，确定出风机所需的流量；根据风速及干燥室内设备选型及布置的情况，计算出气流经过加热器、材堆等处的沿程阻力和局部阻力，进而确定出风机所需的风压。之后，参考生产厂家提供的产品说明书及风机的性能参数曲线，最终选定循环风机。

在干燥室内的小气候条件是相当恶劣的。一方面，温、湿度都很高，另一方面，木材还会放出若干腐蚀性酸类。所以，用于制作风机的材料必须是耐腐蚀的。特别要注意的是，如风机的驱动电机和周围空气接触，更是要防止锈蚀。在生产中，应经常保持通风机的清洁，对通风机、电动机和传动装置要经常检查、润滑，发现电动机过热或通风机发生异响时，应该迅速停电，进行检修。

3.2.3 控制系统与测量仪表

木材干燥的原则是在保证干燥质量的前提下，提高干燥速度，节约能源，降低干燥费用。然而，木材的干燥速度和干燥质量这两者之间往往是一对矛盾，在木材本身因素固定的情况下，就要设法创造一个能使木材在保证质量前提下尽快干燥的外部环境。合理的干燥工艺就是对应于木材不同的含水率阶段，使干燥介质参数（t、Φ、V）合理协调地统一在一起。通过对干燥介质各种状态的控制使木材表面水分蒸发的速度和内部水分的移动速度尽可能协调统一，从而实现在保证干燥质量的前提下，尽量加快干燥速度，降低干燥成本。

3.2.3.1 控制系统

控制系统其实是监测与控制的总称，没有设备实时运行参数的监测也就不可能有良好的控制。木材干燥过程的控制按木材当时所处的含水率阶段，通过控制温度和湿度的执行机构，控制干燥室中湿空气的温度、湿度状态，如加热时开启加热电磁阀或电动阀，喷蒸时开启喷蒸电磁阀或电动阀，减湿时开启进排气阀等。控制方案的设计会直接影响实际木材干燥过程中执行的基准软硬度（温度偏差范围引起的），进而影响木材干燥的质量和成本。

在常规干燥室内，干燥介质状态的控制方法大致可归为四类：①干湿球计控制法；②温度-相对湿度控制法；③温度-平衡含水率控制法；④温度-干燥势控制法，控制的前提是对干燥介质状态的准确测量。

木材干燥系统依设备的监测与控制方式可分为三类，即手动控制系统、半自动控制系统及全自动控制系统。几种类型的控制系统对于操作人员的要求及劳动强度要求差别较大。目前在发达国家一般都采用全自动控制系统，这主要是因为国外劳动人员的费用较高，再者全自动控制可减轻工人的劳动强度，提高干燥质量，操作人员人为影响因素较小；在我国应用的干燥设备，最近几年上马的设备中大型干燥设备全自动控制系统较多，而中小型企业设备中一般采用半自动控制系统，而少数小型企业的设备还在使用手动控制系统。

（1）半自动控制系统　半自动控制是目前国内中小企业中应用最多的控制方式，是反馈控制的最基本形式，也是全自动控制的基础。在木材干燥的半自动控制系统中，主要通过控制干燥室内的干球温度和湿球温度来达到与选定木材干燥基准相一致的目的。

目前应用较多的是采用智能仪表型的半自动控制系统，如图 3-28 所示。由于大多为大公司批量产品，仪表质量稳定，价格不太高且性能好，每个仪表均可进行温度设定和实际值的显示，还有位式动作灵敏度设定，上限、下限报警以及 PID 调节等功能，且仪表进行温度校准为数字式，对于线路及其他影响因素可及时快速地校正。

图 3-28　某型号半自动控制控制柜

此外，利用单片机进行半自动控制木材干燥也发展较快，单片机成本较低，编程也不复杂，配上合适的工艺电路及输入、输出设备，就可直接对木材干燥过程中的温、湿度进行半自动控制，且比仪表型有较大的优势，是专门设计用于木材干燥控制的。此外，单片机半自动控制系统还可作为二级控制单元成为全自动控制系统的一部分。

（2）全自动控制系统　全自动控制系统在半自动控制的基础上又前进了一大步，基本实现了木材干燥过程的全反馈控制，使操作人员有能力同时管理许多台大型干燥设备。全自动控制系统是现代大型木材加工企业生产中的首选控制系统，一般由控制器、控制箱、伺服机构与干燥室构成一个统一整体，目前大多数自动控制系统都配有计算机。

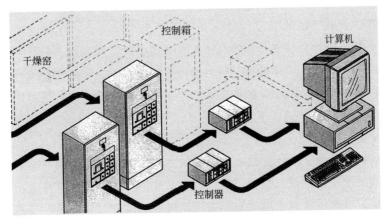

图 3-29　全自动控制系统构成图

　　如图 3-29 所示为一个较典型的全自动控制系统图。控制器可根据操作人员指令自动调节干燥室的温度和相对湿度，根据被干燥木材含水率的变化依所选干燥基准自动改变干燥阶段温度和湿度设定值，且当达到木材最终含水率后，自动停止干燥程序。当超过预设的温度和湿度值时，自动停止操作并发出报警信号，一般配有 6 个木材含水率测点，有特殊需要时可适当增加。一台计算机可同时连接几台控制器，负责将干燥程序和指示输出给每个独立的控制器，同时也将干燥室内干燥情况记录下来。

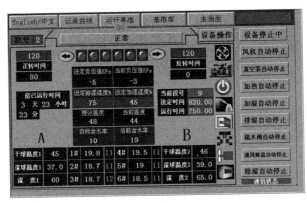

图 3-30　某型号控制器的控制界面

　　当一台计算机同时连接几台控制器时，通常情况下，每个控制器都是完整和独立的，即使其中有的发生故障也不会影响其他控制器运行；而如果控制用的计算机发生故障的话，每个控制器均可独立完成所控制的干燥室至全部干燥程序完成。有关风机的转向调整方面，有的要手动控制箱的按钮进行，有的则直接由控制器来完成，同时还可设定转向的时间间隔。

如图 3-30 所示为某型号控制器的控制界面。该界面反映的信息功能较为全面，不仅可显示出设定的温度、湿度和目标含水率等数值，还可反映进出材堆（A、B面）的干燥介质状态、6 个木材含水率测点的适时数值、风机正反转时间设定及变频运行、加热器和排气口阀门的运行状态，以及干燥室总运行时间等信息。该控制器功能很强，除满足常规干燥的工艺控制要求之外，还可用于真空干燥、除湿（热泵）干燥的工艺控制，以及常规-真空、除湿-常规等联合干燥的控制。

全自动控制系统一般能存储一定数量的木材干燥基准，可通过输入干燥基准编号直接调出使用，也可以根据情况将现有基准进行部分或全部修改。系统有许多互锁机构，以保证木材干燥质量。如当风机停止运行时，加热、喷蒸阀及进排气阀门会自动关闭，以保证干燥室内的温度和湿度不会有大的波动。一般都使用电阻式木材含水率测量方式，虽然在高含水率时误差较大，但电测法的方便性可很好地用于自动控制系统中。系统会依木材的含水率阶段自动调整温度和湿度的设定值。

目前较先进的全自动控制系统的特点：利用最新软件技术，集成管理与控制，可监测气流速度、平衡含水率、木材含水率、木材温度、加热器内介质的温度、流量等参数，进行时间基准、含水率基准的控制，干燥费用计算（热、电消耗等），甚至依用电高峰而设计节能程序等。

3.2.3.2 温度、相对湿度、气流速度的测量

木材的人工干燥，是在一定的干燥设备中，根据制订的干燥基准，通过调节控制干燥介质的温度、相对湿度和气流速度，使其与被干木材的含水率变化和干燥应力变化相适应，在保障质量的前提下，使木材变干的过程。对于干燥设备来说，需要评价其干燥性能，例如温度、湿度的调节范围及其分布均匀性，通过材堆的气流速度及其分布均匀性等。干燥过程的实施，首先需要随时测知木材的含水率变化和干燥介质的温、湿度，其次还必须掌握木材内部干燥应力的发生和发展情况，把干燥应力控制在容许的范围内，以避免或减轻干燥缺陷。温度、相对湿度、气流速度的测量，主要是选择合适的仪表并掌握其合理的安装与使用。

（1）温度的测量　温度测量仪表的选用应考虑适用性、可靠性和经济性。适用性主要考虑测温范围、精确度，并符合安装及使用要求。木材室干温度通常不大于 130℃，测温范围定在 −50℃～150℃ 较合适，温度计的分度值应不大于 1～2℃。木材干燥生产上常用的测温仪表有以下几种。

① 玻璃温度计　是利用玻璃管内（毛细管）的液体受热而均匀膨胀的原理测量温度的。通常都用水银温度计，因为使用方便，稳定可靠，价格便宜。缺点

是易损坏，不能遥测，热惰性较大。目前主要在干燥室性能检测、温度传感器的校准等方面使用。

② 热电阻温度计　如图 3-31 所示，热电阻温度计由热电阻温度传感器、连接导线和测温仪表三部分组成。其原理是基于导体或半导体的电阻值与温度成一定的函数关系的性质。即介质的温度通过热电阻转变成电流信号，由连接导线传递到测温仪表，换算成温度值指示出来。

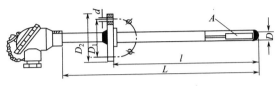

图 3-31　热电阻温度计

工业上常用的热电阻有铂热电阻和铜热电阻，前者的测温范围为 $-120 \sim 500℃$，后者为 $-50℃ \sim 150℃$。铜热电阻可满足干燥室的使用要求，价格也较便宜。与热电阻配套的测温仪表种类较多，就其原理而言，主要有动圈式仪表和电子自动平衡式仪表，包括电子电位差计和电子平衡电桥，并有许多不同功能和不同类型的设计。随着计算机技术的发展，微机化、智能化的数显式测温、控温仪表的应用也已相当普遍。

电阻温度计灵敏度高，精确度高，不易发生故障，测温可靠，并可远距离遥测，便于实现多点检测和半自动、自动控制，也便于实现温度自动化记录和超温自动报警等多种功能，是适合于木材干燥室使用的一种比较理想的温度计。

③ 热电偶温度计　由热电偶温度传感器、连接导线和测温仪表组成。热电偶测温元件是两根不同的导体或半导体，其中一端相互焊在一起，作为工作端（热端），另一端不焊接，作为自由端（冷端），通过导线或补偿导线与测温仪表相连接。测温时由于热端和冷端温度不同，回路中便产生热电势。当热电偶的材料和冷端的温度一定时，回路中的热电势是工作端温度的单值函数，可通过仪表以电压值（mV）或换算成温度值显示出来。热电偶温度计的冷端温度规定为 $0℃$。测量时常用补偿导线进行补偿。

热电偶的测量范围宽，并可测量"点"的温度，在木材干燥技术上，主要应用于测量干燥过程中木材中心层的温度变化。

（2）相对湿度的测量　测量气体介质相对湿度的仪表，有用干湿球法的干湿球湿度计，用露点法的露点湿度计，用吸湿法的氯化钾电阻湿度计和湿胀法的毛发或尼龙丝湿度计等。在木材干燥技术上应用的主要有干湿球湿度计和毛发湿度计。

① 干湿球湿度计，如图 3-32 所示。由两支相同的温度计组成。其中一支温

度计的感温端包着纱布，纱布的下部浸在水中，使纱布保持潮湿，这支温度计叫作湿球温度计，而未包纱布的另一支叫作干球温度计。由于湿球温度计的纱布水分蒸发，需要消耗汽化潜热，使湿球温度计的读数比干球温度计低。此差值叫作干湿球温度差，其大小与气体介质的压力、气流速度和相对湿度有关。当介质压力和气流速度为一定值时，相对湿度越低，湿纱布的水分蒸发越强烈，干湿球温度差越大。反之，相对湿度越高，干湿球温度差就越小。当气体介质达到饱和时，干湿球温度差为零。即相对湿度与干湿球温度差有一定的函数关系。应用时只要根据所测的干球温度和干湿球温度差，查附录的湿度表，就可得知气体介质的相对湿度。

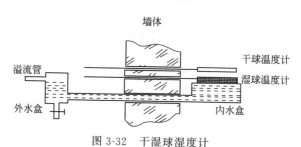

图 3-32　干湿球湿度计

用干湿球湿度计测量相对湿度不受温度的影响，测量范围宽，且结构简单，安装使用方便，工作可靠，使用寿命长，还可同时测量温度和相对湿度，并可根据需要，设计成温湿度集中检测、记录和自动控制装置，是木材干燥室中使用最普遍的湿度计。

② 毛发湿度计　低温除湿干燥室常使用毛发湿度计测量和控制干燥介质的相对湿度。这种湿度计是根据毛发能根据相对湿度的变化而伸缩的特性设计的。将几十根毛发组成一束，根据其伸缩的长度便可直接指示相对湿度值。毛发湿度计使用简便，并可直接读出相对湿度值，无须换算。电触点的毛发湿度计可作为自动控制的湿度传感器。

毛发湿度计的缺点是测湿范围窄，受介质温度限制，精确度也较差，需要经常校验。通常在 60℃ 以下的室温和相对湿度 85% 以下使用较好。若温度超过 70℃ 或相对湿度超过 90% 较长时间使用时，毛发容易变质而损坏。

检测装置安装应符合以下规定：

a. 温、湿度计的安装。测量部分的传感元件应布置在被干燥锯材的侧面且具有代表性的位置，并与干燥介质流动方向垂直。对于可逆循环室，材堆两侧都应装温、湿度计，以便任何时候都能以材堆进风侧的温、湿度作为执行干燥基准的依据。温、湿度计的显示部分应在操作间容易平视观察的位置，以便于观测和避免视差。

b. 湿球温度传感器距水盒水位应保持 20～50mm 的距离。若太小，会妨碍湿纱布处空气的流通，太大则难以保持湿纱布潮湿。

c. 纱布不能包得太厚，以 3～4 层医用脱脂纱布为宜。纱布和水质须保持干净，并注意加水保持水杯的水位，以确保纱布始终潮湿。

（3）气流速度的测量　木材干燥室内气流速度的大小及其分布的均匀性，是衡量干燥室性能的一项重要技术指标。材堆中气流速度的大小，直接影响对流传热传质的强度，这与木材干燥速率密切相关。通常要求通过材堆的气流速度在 1m/s 以上，以使气流能达到紊流状态。

 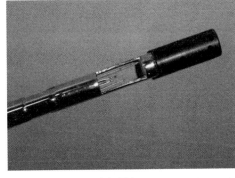

（a）整体　　　　　　　　　　（b）探头

图 3-33　热球式风速仪实物图

测量材堆中气流速度最常用的仪器是热球式风速仪。国产的某型号热球式风速仪，如图 3-33 所示。其测量范围为 0.05～10m/s。它由测杆和便携式测量仪表两部分组成。测杆的头部有一个直径约 0.6mm 的玻璃球，球内绕有加热玻璃球用的镍铬丝线圈和两个串联的热电偶，通过测杆的连接导线与仪表连接。当一定大小的电流通过加热线圈后，玻璃球的温度升高，升高的程度与气流速度有关。气流速度小时温升大，反之，气流速度大时，温升就小。温度升高的大小，通过热电偶输入测量仪表，以换算后的气流速度值显示出来。测量时须注意将测杆头部的缺口对着气流方向，使玻璃球测量元件直接暴露在气流中。这种风速仪的测杆头可直接伸入材堆中的水平气道，使用方便，测量精确可靠。

风速分布均匀度的测量，是在室内材堆的进风侧和出风侧的前、中、后、上、中、下，每侧 9 个测量点的材堆水平气道内，分别测量各点的气流速度。再分别计算进风侧和出风侧的风速平均值，并求其均方差及变异系数。

干燥室内气流速度分布均匀度，直接影响温度分布均匀度，这两者共同影响木材干燥均匀度。因此，要提高干燥均匀度，必须合理布置通风机和加热器，并适当设置挡风板，使气流速度和温度分布均匀。

3.2.3.3 含水率、平衡含水率的测量

在木材干燥过程中，对含水率的实时检测是执行木材干燥基准的重要依据之一。测量木材含水率的方法很多，主要有重量法、电测法、干馏法及滴定法，等等。目前，木材加工的生产单位通常采用的是重量法和电测法。

(1) 含水率的测量

① 重量法　详见 2.3.1.2 木材的含水率及测量。

② 电测法：是根据木材的某些电学特性与含水率的关系，设计成含水率测定仪直接测量木材含水率的方法。依据木材电学特性的不同，电测法可分为电阻式含水率测定仪测定和介电式含水率测定仪测定两种。该法测量方便、快速，且不破坏木材，但测量范围有限。

a. 电阻式含水率测定仪　在研究木材的电导率（电阻率的倒数）的对数与含水率之间函数关系图时不难发现，在含水率 6%～30% 范围内，该关系曲线为斜率较大的直线段，即电阻率随含水率的变化较明显，故在该含水率范围内测量较准确。含水率超过 30%，曲线出现较大的转折，斜率变得非常平缓，即电阻率随含水率的变化不明显，故测量的精确度差。含水率高于 60% 时，木材则接近于导体，也难以测得真实含水率。而当含水率低于 6% 时，木材接近绝缘体，电阻太大不易测量。因此，电阻式含水率测定仪测量木材含水率的准确性范围在 6%～30% 之间。

图 3-34　电阻式含水率测定仪（自上海木工所）

电阻式含水率测定仪在使用时应注意以下事项：

树种修正。树种的影响主要是木材的构造及所含的电解质浓度，如内含物、灰分及无机盐等。而木材的密度对电阻率的影响较小。

温度修正。随着温度的升高，电阻率减小，含水率读数增加。木材含水率测定仪通常是在 20℃ 的室温下标定的，若测量温度不是 20℃，必须进行修正。修正的数值不仅取决于温度，还取决于含水率。大约温度每增加 10℃，含水率读数约增加 1.5%。因此，必须将测量的读数减去这个数值才是真实的含水率。

比较好的测湿仪常带有温度修正旋钮。例如国产 ST-85 型数字式木材含水率仪，如图 3-34 所示，温度修正范围为－10～100℃。测量时只要将温度旋钮调到木材本身的温度值即可，仪器会自动进行修正，所测数值即为真实值。

纹理方向。木材横纹方向的电阻率比顺纹方向大 2～3 倍。弦向略大于径向，但差异较小，一般可忽略不计。含水率测定仪的标度通常是以横向电阻率作为依据的，测量时须注意测量方向与纹理方向垂直，若在顺纹方向测量，所测数值将比真实值大。当含水率低于 15％时，木材纹理方向的影响可以忽略不计；当含水率大于 20％时，横纹方向的读数约比顺纹方向的读数低 2％。

插入深度。测量锯材含水率通常采用针状电极，将电极插入木材内部。针状电极探测器有二针二极，也有四针二极，使用无多大差别。二针二极探针间距一般为 25～30mm。探针插入深度应为板厚的 1/5～1/4，这样所测得的含水率将接近于沿整个厚度的平均含水率。若插入厚度是板厚的一半，则测得的是心层较高的含水率。

探针。探针一般分为绝缘式和非绝缘式两种。绝缘式探针测量的是插入深度上两个探针尖端之间的木材电阻值，即测量的是木材内部某一层次的含水率；而非绝缘式探针测量的是整个插入深度上两个探针之间的木材电阻值，即测量的是整个插入范围内最湿部分的含水率。因此，测量得到的含水率比实际含水率要更大一些。若被测木材表面有冷凝水或被水弄湿，采用非绝缘探针将会产生较大的测量误差。如图 3-35 所示，为干燥室用含水率测定仪探针的形状及安装示意图。

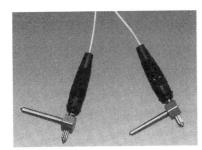

图 3-35　干燥室用含水率测定仪探针图

b. 介电式含水率测定仪　介电式含水率测定仪，如图 3-36 所示。是利用木材的介电常数 ε 和功率损耗角的正切值 $\tan\delta$ 与木材含水率的关系来测定木材含水率的仪器。按照设计原理的不同可分为三类：功率损耗式、电容式和电容-功率损耗式。其原理为：依据在高频交流电场的作用下，木材的介电常数 ε 和功率损耗角的正切 $\tan\delta$ 与木材含水率成正比的关系来测定木材含水率。

功率损耗式含水率测定仪是利用介电损耗因子随含水率的变化规律来测定木材含水率的仪表。它具有使用方便、快速、不破坏木材等优点。但其测量精

图 3-36　介电式含水率测定仪

度较电阻式低，其原因是，木材表面的含水率对仪表读数有决定性影响，因为接近电极的电场较强；此外还包括板面粗糙情况以及电极设计方式对其精度的影响。

影响功率损耗式含水率测定仪的因素主要有以下几方面。

树种。主要是指木材的构造及所含的电解质浓度，如内含物、灰分及无机盐等。

密度。绝干材的介电损耗因子随着密度的增加而增大；高含水率时，介电损耗因子与密度之间的关系曲线将会有轻微地向下凹的趋势。

温度。介电损耗因子与温度之间并不是简单的函数关系，当温度升高时，有可能增大也可能减小，还与频率和含水率有关。

电极。表面接触式的电极必须紧贴木材表面，否则会由于气隙的存在导致测量结果不准确。

电容式含水率测定仪是指仅以介电系数为被测参数，利用介电系数随木材含水率的变化规律来测定木材含水率的仪表。由于技术和设备费用昂贵的原因，至今还没有在木材工业生产中广泛应用。

电容-功率损耗式含水率测定仪是利用介电系数和介电损耗因子两个参数随含水率的变化规律来测定木材含水率的仪表。从原理上讲，此种方法综合考虑了木材的介电系数和介电损耗因子两方面的影响，是一种比较好的测试方法，但是由于木材含水率与木材的介电系数以及介电损耗因子之间关系很复杂，在实际生产中很少采用。

综上所述，目前在我国应用比较广泛的几种含水率测量方法都有各自的优缺点，具体分析如表 3-5 所列。

表 3-5　含水率测定方法优缺点比较表

项　目	重量法	电阻法	功率损耗式
定时性	不好	好	好
有效测量范围	无限制	6%～30%	0%～60%

项　目	重量法	电阻法	功率损耗式
准确性	木材含水率均值	探针两端点间含水率值	含水率均值
代表性	较好	较差	较好
操作人为影响	大	较大	较大
适用范围	无限制	外购木材或简单参考	外购木材或一般测量用
仪器费用	较高	较低	高

（2）平衡含水率的测量　平衡含水率是气体介质温、湿度的函数，是用木材含水率来表示的气体介质状态。可用平衡含水率测量装置直接测量，其测量原理与电阻式含水率测定仪相同。这种测量装置可与电阻温度计一起装在干燥室内，用来代替传统的干湿球湿度计，测量并控制干燥介质状态，尤其适用于计算机控制的干燥室。即计算机根据所测的木材含水率和干燥介质对应的平衡含水率，按基准设定的干燥梯度来控制干燥过程。

平衡含水率测量装置如图 3-37 所示，包括平衡含水率传感器（装于干燥室内）、直流电阻式含水率测定仪（装于控制柜内）和连接导线。其中，平衡含水率传感器由感湿片、片夹和插座组成。片夹，实际上是一对电极，每副夹子两端装有带反力弹簧的压紧螺钉，夹子的一端有弹性插头。

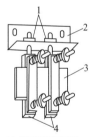  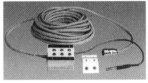

(a) 传感器示意图　　　　　　(b) 传感器实物图　　　　　　(c) 连接导线

1—接线柱；2—插座；3—感湿片；4—片夹

图 3-37　平衡含水率测量装置

插座装在干燥室内材堆进风侧的室壁上，由连接导线与操作间电控柜内的电阻式含水率测定仪相连接。插座的上方应装有防护挡板，防止水蒸气或冷凝水滴直接喷到或滴到感湿片上，为避免"吸收滞后"现象对测量结果的影响，每片感湿片只能使用一次。

3.2.3.4　常见故障原因分析

常规干燥的操作故障可以分为两类：一是由于调节不当，控制系统给出的控制指令与显示的参数值不符；二是控制系统给出的指令正确，但调节装置的执行器未能按指令执行。生产实践中常出现的问题原因，如表 3-6 所列。

表 3-6　常规干燥常见故障原因分析表

序号	故障种类	原因分析
1	温升太慢,干燥介质温度偏低	① 进气管路的供热压力不足,或加热管路系统被堵塞; ② 加热器阀门故障,总是呈关闭或半关闭状态; ③ 回水管路的疏水阀故障,冷凝水排出不及时; ④ 温度计探头失灵或安装位置不当。
2	温升太快,干燥介质温度偏高	① 加热器阀门开得过大或关闭不严; ② 进气管路的蒸汽压力过高,建议在 0.3～0.5MPa 之间; ③ 加热器或室内管路有漏气之处; ④ 温度计探头失灵或安装位置不当。
3	干燥介质相对湿度太低	① 加湿装置被堵塞或局部堵塞; ② 排气阀门被卡住,关闭不严; ③ 干燥室大门关闭不严,有缝隙、漏气之处。
4	干燥介质相对湿度太高	① 加湿装置的阀门关闭不严,导致不停增湿; ② 排气口阀门打不开,湿空气排出不畅; ③ 加热器或室内管路有漏气之处。

如经过检查后,证明各种调节执行器没有问题,那么问题就只能出在控制系统或有关数据的测量上。例如,湿球温度计感温包处,外包纱布的供水不正常或湿球温度计放置位置不当,放置处通风不良,所测得的干湿球温差总是小于干燥室内的实际干湿球差。干燥室内的空气相当干燥,但因测量不准,操作工还认为相对湿度很高。再如,平衡含水率测试架安装位置不妥,或是放置在加湿装置的下方被增湿,使测量结果与干燥室内的实际平衡含水率相距甚远。另外,各种传感器探头失灵或连接电线接触不良,这些都可能影响测量结果。

在分析上述原因时,均未考虑干燥室在设计或建造上的错误。如干燥室设计或建造不当,例如,加热器面积不足,进气口和排气口数量不足或位置不当,干燥室壳体保温及密封性能不足等,必然会使木材在干燥过程中出现诸多问题。

3.2.4　运载设备

周期式干燥室有叉车和轨道车这两种装室设备。叉车装室如图 3-38 所示,用叉车直接装室比较简单,所以大型干燥室(50～60m³ 以上)都趋于用这种装室方式。轨道车及转运车如图 3-39 所示,它是最老的装室及运载设备,也是迄今为止应用最广的设备,它几乎适用于所有类别和尺寸的干燥室的装室作业。

用叉车装室的优点是:无需设置转运车、材车、相应的轨道及与此相应的土建投资。缺点是:装室、出室所需时间较长;叉车直接进入干燥室,若操作不当,可能会造成对室体的损坏;提升高度较大时,门架升得太高,无法全部利用干燥室的高度。轨道车装室的优点是:在干燥室外堆积木材,可确保堆积质量,

图 3-38　叉车装室实景图

图 3-39　木材干燥室转运车实景图

装室质量好；湿材装室和干材出室十分迅速，干燥室的利用率较高，干燥针叶材最好用这种装室法。缺点是：干燥室前面一般需要有与干燥室长度相当的空地或需要预留出转运车的通道；干燥室内部材车轨道或转运车轨道需要打地基，土建工程量大；材车或转运车造价较高，投资额较大。

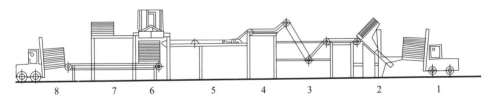

图 3-40　木材堆积流水线示意图（P·若利，1985）

1—叉车将板材送到堆积流水线始端；2—升降台倾斜，板材靠自身重力滑落；3—传送中将板材分开；
4—检验将等外材剔出；5—传送带；6—隔条放置位置；7—升降台；8—叉车将材堆送往干燥室

　　基于木材堆积的重要性，有些大型企业正致力于木材堆积和拆垛的自动化。于是出现了木材堆积和拆垛的机械。堆积机械应根据各企业的具体情况设置。堆积机械分自动化和半自动化两类。其主要区别在于：自动化堆积机械是自动放置隔条，而半自动化堆积机械是人工放置隔条。图 3-40 为木材堆积流水线示意图。目前，各企业木材堆积的机械化程度很不平衡，从需要人工放置隔条的简单堆积机械到全自动木材堆积流水线都能见到。

　　干燥后材堆的拆垛比较简单。先用带液压传动装置的平台将材堆掀起，使之倾斜，板材靠自重滑落到运输带上，运往加工车间。隔条则滑落到隔条收集箱内。木材厂使用拆垛机比用堆积机更加普遍，小型企业通常直接采用人工方式进行拆垛。

3.2.5 干燥室壳体结构及建筑

木材干燥室是在温、湿度经常变化的气体介质中工作的。常规干燥室的温度在室温至100℃范围内变化，相对湿度最高为100％。此外，干燥室内的空气介质还含有由木材中溢出的酸性物质，并以一定的气流速度不断在室内循环。因此，木材干燥室的壳体除了要满足坚固、耐久、造价低等一般要求外，还必须保证干燥室对密闭性、保温性、耐腐蚀性的要求。

干燥室壳体保温的原则是确保在高温高湿的工艺条件下室的内表面不结露。因为结露意味着冷凝水所释放的凝结热已大部分通过壳体传出室外，既造成热损失，也使室内温度难以升高，因冷凝水的渗透使壳体易遭腐蚀。

目前干燥室的壳体主要有三种结构形式，即砖混结构的土建壳体、金属装配式壳体和砖混结构铝内壁壳体。我国现阶段的生产性干燥室大多仍以砖混结构为主。但随着生产水平的提高，装配式室的应用也将会越来越多。

3.2.5.1 砖混结构室体

砖混结构是最常用的干燥室壳体结构，如图 3-41 所示为砖混结构室体实景图。它造价低，施工容易，但在建筑结构的设计和施工时，要防止墙壁、天棚开裂。通常采用的室体结构及施工要求如下。

图 3-41　砖混结构室体实景图

① 墙体　为加强整体牢固性，大、中型干燥室最好采用框架式结构。对多座连体室，应每 2～4 室为一单元，在单元之间的隔墙中间留 20mm 伸缩缝，自基础至屋面全部断开。墙面缝嵌沥青麻丝后照做粉刷，屋面缝按分仓缝处理。

墙体采用内外墙带保温层结构，即内墙一砖（240mm），外墙一砖（240mm），中间保温层100mm。外墙采用实体砖墙，砖的标号不低于75#，水泥砂浆的标号不低于 $50^{\#}$，并在低温侧适当配筋，保温层填塞膨胀珍珠岩或蛭石等，墙上少开孔洞，避免墙体厚度急剧变化。在圈梁下沿的外墙中应在适当位置预埋钢管或塑料管，作为保温层的透气孔。连体室的隔墙可用一砖半厚（370mm）。在高寒地区，干燥室应建在室内。如建在室外，应根据当地冬季温度，重新计算确定室内壁不结露所需的保温层厚度。注意不要用空心砖砌室墙，因那样容易开裂；也不要留空气保温层，因墙体的大面积空气保温层，会因空气的对流换热而降低保温效果。

对混凝土梁、钢梁，要设置足够大的梁垫；在天棚下设置圈梁，地耐力较差时在地面以下设置基础圈梁，对门洞设置封闭的混凝土门框；钢筋混凝土构件本身要有足够的刚度，在进行结构计算时应充分考虑温度应力；墙体内层表面作 20mm 厚水泥砂浆抹面，并仔细选择其配合比，尽量满足隔气、防水、防龟裂的要求；墙砌体采用 1：（20～25）普通硅酸盐水泥砂浆并掺入 0.8%～1.5% 无水纯净的三氧化二铁砌筑，以增加密实性，墙内预埋件要严密封闭。

② 室顶　必须采用现浇钢筋混凝土板，不能用预制的空心楼板。室顶应作保温、防水屋面。

保温层必须用干燥的松散或板状的无机保温材料，常用膨胀珍珠岩，但不能用潮湿的水泥膨胀珍珠岩。应在晴天施工。施工时压实并做泛水坡。

③ 基础　木材干燥室是跨度不大的单层建筑，但工艺要求壳体不能开裂，因此，基础必须有良好的稳定性，不允许发生不均匀沉降。通常采用刚性条形砖基础，并在离室内地坪以下 5cm 处做一道钢筋混凝土圈梁。在作基础，包括地面基础时，必须作防水、防潮处理。在永久冻土层上作基础时，必须作特殊的隔热处理。基础埋置深度，南方可为 0.8～1.2m，北方可为 1.6～2.0m，由地基结构情况、地下水位、冻结线等因素决定。基础深埋可增加地基承载能力，加强基础稳定性，但造价也随之增加，且施工麻烦。因此，在满足设计要求的情况下，应尽量将基础浅埋，但埋深不能少于 0.5m，防止地基受大气影响或可能有小动物穴居而被破坏。

④ 地面　室内地面的做法一般分三层：基层素土夯实；垫层为 100mm 的厚碎石；面层为 120mm 厚素混凝土，随捣随光。单轨干燥室的地面开一条排水明沟，双轨干燥室开两条，坡度为 2%，以便排水。干燥室地面也要根据需要作防水和保温处理。

对于采用轨道车进出室的干燥室，干燥室地面载荷应按材堆及材堆装入、运出设备确定，其轨道通常埋在混凝土中，使轨顶标高与地坪相同，这样可防止干燥室内介质对钢轨的腐蚀。

3.2.5.2　金属装配式室体

金属装配式室体，如图 3-42 所示。其构件先在工厂加工预制，现场组装，施工期短，但需要消耗大量的合金铝材，价格昂贵。对金属壳体的一般要求是：壳体内壁应采用厚度为 0.8～1.5mm 纯度较高的铝板或采用厚度不小于 0.6mm 的不锈钢板制造，外壁可用厚度不小于 0.6mm 的一般铝板或镀锌钢板制造，内、外壁间填以对壳体无腐蚀作用的保温材料；壳体内壁一般采用焊接连接，焊缝不得漏气、渗水。用于常温干燥、高温干燥的内壁，在制造时要压制成凸凹形表面，对组合壳体要用有机硅密封膏等密封材料对结合处进行密封；组装后的壳体内壁表面在最不利的工况下不得结露。

图 3-42　金属装配式室体实景图

　　通常的做法是，先用混凝土作基础和面；然后在基础上安装用合金铝型材预制的框架，可用现场焊接或用不锈钢螺钉连接；再安装预制的壁板和顶板及设备。预制板由内壁平板、外壁瓦楞板和中间保温板（或毡）组成，可以是一块整板，也可以不是整板，于现场先装内壁板，然后装保温板，最后装瓦楞板。内壁板不能用抽芯铆钉连接，而用合金铝横梁或压条靠螺钉连接将壁板或顶板夹在框架上。预制壁板也可采用彩塑钢板灌注耐高温聚氨酯泡沫塑料做成。

3.2.5.3　砖混结构铝内壁室体

图 3-43　砖混结构铝内壁室体实景图

　　砖混结构铝内壁室体，如图 3-43 所示。此种干燥室的做法是先在基础圈梁上安装型钢框架，然后用 1.2mm 厚的防锈铝板现场焊接成全封闭的内壳，并与框架连接。内壁做完后再砌砖外墙壳体，并填灌膨胀珍珠岩或蛭石等保温材料。内壁与框架的连接通常用抽芯铆钉直接铆接，也可在内壁板后面焊些"翅片"，通过翅片与框架铆接。前者会破坏内壁的全封闭，并因铝板的热膨胀易将抽芯铆钉剪断。一旦内壁有孔洞或破损，水蒸气进入壳体保温层，就会引起框架和壁板的腐蚀。后一种连接方法较好，但施工麻烦。

铝内壁的砖混结构室体要求铝内壁全封闭，施工难度大，对焊接技术要求高，只适用于中、小型室。

3.2.5.4 大门

干燥室的大门要求有较好的保温和气密性能，还应耐腐蚀、不透水及开关操作灵活、轻便、安全、可靠。大门的形式归纳起来有 5 种类型，即单扇或双扇铰链门、多扇折叠门、多扇吊拉门、单扇吊挂门和单扇升降门。目前，生产中常用的大门是铰链门和吊挂门，如图 3-44 所示。干燥室大门一般以金属门使用效果较好。以型钢或铝型材制成骨架，双面包上 0.8～1.5mm 厚的铝板或外表面包以镀锌钢板，用超细玻璃棉或离心玻璃棉板作保温材料（也可用彩塑钢板灌注耐高温聚氨酯泡沫塑料）。内面板的拼缝用硅橡胶涂封，门扇的四周应嵌密封圈。室门的密封圈通常用氯丁橡胶特制的"Ω"形空心垫圈，可装于门扇内表面四周的"嵌槽"中，门内缝隙须用耐腐、耐温与耐湿的密封材料作密封处理。对砖混结构室，可直接用钢筋混凝土门框，也可在混凝土门框上嵌装合金角铝或角钢门框。

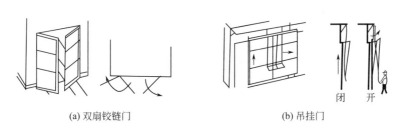

(a) 双扇铰链门   (b) 吊挂门

图 3-44 大门结构简图

3.3 干燥设备的维护

由于干燥室内的设备需长期在高温、高湿的环境中运行，再加上木材中排出的有机酸对室内设备的腐蚀作用，这种恶劣的环境将严重影响设备的使用寿命。因此，对干燥室设备及壳体的正确使用和维护保养，已成为当前木材干燥生产中备受重视的问题。对砖混结构室体和有黑色金属构件的干燥室，应有维修制度，可根据干燥室的耐久性能等级制订，只有这样，才能延长干燥室的使用寿命。

3.3.1 干燥设备的正确使用和保养

对于干燥设备的正确使用和保养，要根据设备的具体情况制订。在锯材装室之前，首先要对干燥室进行检验和开动前的检查，以保证干燥过程的正常进行，如有问题应及时检修，严禁"带病"运行。否则，在干燥过程中，加热、通风、换气等机械设备会出现故障。检查工作主要包括以下几方面。

（1）干燥室壳体的检查　干燥室壳体系指屋顶、地面和墙壁等，它们起围护作用。应检查墙壁、天棚的隔热情况。如发现有裂缝、漏气以及防腐涂料脱落或沥青脱落现象，应及时用水泥砂浆等抹平堵塞，再用防腐涂料涂刷；干燥室大门如发现因长期使用出现变形、漏气或关闭不严，应及时维修，需要时及时更换密封胶条；室内地面应清扫干净，如有塌陷或凸凹不平，应及时修补；轨道如不符合要求，应修理校正。

（2）动力系统的检查　应检查风机运转是否平稳，如有螺钉松动，挡圈松脱，轴承磨损等现象，应及时修理或调换；检查进、排气道，如闸板、电动执行器、钢丝绳是否损坏，如操纵不灵，要修理、调整；检查电动机的地脚螺钉、地线、电线接头等。

（3）热力系统的检查　热力系统包括加热器、喷蒸管、回水管路、疏水器、控制阀门及蒸汽管路等。

检查加热器时，应向加热器内通入蒸汽，时间约需 $10\sim15min$，以观察是否能均匀热透和有无漏气现象；检查喷蒸管时，应将喷蒸管阀门打开，进行 $2\sim3min$ 的喷汽试验，观察全部喷孔是否能均匀射流；疏水器最易出问题，若在供汽压力正常的情况下，操作也正常，但却升温、控温不正常，这有可能是疏水器工作不正常所致的，要定期检查和维修，清除其内部污物，发现有零件磨损失灵时，应及时修理或调换；回水管路如有堵塞现象，应及时疏通，以便及时排出冷凝水。

（4）测试仪表系统的检查　如干燥室内采用干湿球湿度计来测量干燥介质状态，则注意干、湿球温度计的湿球纱布应始终保持湿润状态，但不能使湿球纱包浸在水中。应对湿度计的干球和湿球两支温度计刻度指数做定期的检查，校正指数误差，以求得准确读数。此外，感温元件与水盒水位的距离不得大于 $50mm$，感温元件一般安装在材堆侧面，感温元件与气流方向垂直放置，室内露出部分的长度必须大于感温体长度的三分之一。含水率测定仪在使用前要检查电池电压是否能满足要求，如电压不够，应及时更换。

此外，在木材干燥过程中还应注意：装、卸材堆或进、出室时，不撞坏室门、室壁和室内设备；当风机改变转向时，应先"总停"$2\sim3min$，待全部风机都停稳后再逐台反向启动；风机改变风向后，温、湿度采样应跟着改变，即始终以材堆进风侧的温、湿度作为执行干燥基准的依据；干燥过程中，如遇中途停电或因故停机，应立即停止加热或喷蒸，并关闭进排气道，防止木材损伤降等；对于蒸汽干燥室，干燥结束时应打开疏水器旁通阀门和管系中弯管段的排水旁通阀门，排尽管道内的余气和积水；干燥室长期不用时，必须全部打开进、排气道，保持室内通风透气，以保持室内空气干燥、室内壁和设备表面不结露。

3.3.2 干燥室壳体的防裂防腐措施

干燥室壳体的开裂和腐蚀是木材干燥设备最常见也较难解决的问题。干燥室若出现开裂，就会因腐蚀性气体的侵袭而加速壳体的破坏，并使热损失增大，工艺基准也难以保障。因此，干燥室一般不允许开裂。干燥室壳体的开裂主要与基础发生不均匀沉降、壳体热胀冷缩、壳体结构不牢固和壳体局部强度削弱使应力集中等因素有关。防止开裂采取的主要措施包括：

① 基础设计须合理、可靠，为确保基础稳定，可增设基础圈梁；

② 外墙采用实体砖墙，砖的标号不低于 75#，水泥砂浆标号不低于 50#，并在低温侧适当配筋；

③ 在砌好的墙上少开孔洞，避免墙体厚度急剧变化，尽量不在墙体内做进、排气道；

④ 采用框架式结构，对混凝土梁、钢梁，要设置足够大的梁垫；

⑤ 设法减小连续梁的温差，应以 2～4 室为一单元，做出温度伸缩缝；

⑥ 内层表面作 20mm 厚水泥砂浆抹面，并仔细选择其配比，尽量满足隔气、防水、防龟裂的要求。

干燥室壳体的防腐蚀，主要是防止水蒸气和腐蚀性气体的渗透。对金属壳体或铝内壁壳体，关键是处理好拼缝和螺钉、铆钉孔的密封，可现场焊接做成全封闭，并用性能好的耐高温硅橡胶涂封铆钉孔和拼缝。对砖混结构室体，砖墙内表面须用 1:2 的防水水泥砂浆粉刷。另外，还须选用耐高温和抗老化性能好、着力强的防水防腐涂料涂刷壳体内表面。

目前防水涂料的新产品很多，如乳化石棉沥青、JG 型冷胶料、建筑胶油、聚醚型聚氨酯防水胶料、再生橡胶沥青防水胶料、氯丁橡胶沥青防水涂料等。这些涂料都采用冷施工，既省时又省料，各项性能指标均优于以往采用的热沥青涂刷。在诸多牌号的涂料中，以 JG-2 冷胶料较适合干燥室使用，既可用于涂刷室内表面，也可用作屋面防水层，如配用玻璃纤维布做二布三油屋面防水代替二毡三油的老式做法，可降低造价 1.5～2 倍，并可延长使用寿命。

4 木材干燥工艺

常规干燥是指以常压湿空气作为干燥介质，以蒸汽、热水、炉气或热油作为热媒，干燥介质温度在 100℃ 以下的一种室干方法。其主要特点是以湿空气作为传热、传湿的媒介物质，传热方式以对流传热为主。各种不同类型的干燥室，其干燥工艺过程及测试的方法皆大同小异，其中以周期式强制循环空气干燥室的工艺过程具有典型性。

4.1 干燥前的准备

在干燥锯材之前，首先要对干燥室进行检验和开动前的检查，以保证干燥过程的正常进行。否则，在干燥过程中，加热、通风、换气等机械设备会出现故障，进而影响木材干燥的进程和木材干燥的质量。关于设备检查的具体项目及内容，已在 3.3 干燥设备的维护部分予以说明，因此本手册将直接从锯材的码垛开始对常规干燥工艺进行介绍。

4.1.1 锯材的堆积方式

锯材在进行干燥以前，必须先将其堆积成符合一定工艺要求的材堆。材堆的规格和形式，主要决定于干燥室的结构、特性，以及干燥介质通过材堆的循环方式。根据气流循环速度的不同，其堆积方式有三种类型，如图 4-1 所示。

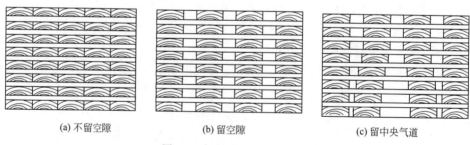

(a) 不留空隙   (b) 留空隙   (c) 留中央气道

图 4-1　锯材堆积方法示意图

各种周期式强制循环干燥室，由于循环气流都是以一定的速度水平横向通过材堆的，因此以采用不留空隙的密集排列堆积方法较好，如图 4-1 （a）所示；对于干燥介质顺着材堆水平循环或较低风速（小于 1m/s）的强制循环干燥室，采用板材之间留空格的堆积法，如图 4-1 （b）所示；对于自然循环或弱强制循环的干燥室，由于气流运动缓慢且规律性不强，采用留有中央气道的堆积方法堆积，如图 4-1（c）所示。

材堆的外形尺寸应和干燥室的结构及内部尺寸相适应，是在设计木材干燥室时就应确定下来的技术参数。对于轨道车装材的干燥室，材堆尺寸通常取：宽 1.8～2.2m、高 2.5～3.0m、长 4.0～8.0m，材堆的尺寸应与运材车尺寸相适应，对于较长的锯材，也可两个材车联合使用；对于叉车式装材的干燥室，材堆设计为单元小材堆，单元小材堆的尺寸通常取：宽 1.1～1.5m、高 1.1～1.5m、长 2.0～4.0m（取决于材长）。

单元小材堆通常由叉车横向装入干燥室，干燥室的内部宽度尺寸应和单元小材堆长度之和相适应，通常装 2～4 堆。如果干燥室的内部宽度尺寸大于单元小材堆长度之和，则在干燥室径深方向装室时，相邻两排材堆须互相错开，以防止循环空气空流材堆而过，如图 4-2 所示。干燥室径深方向除保证风道宽度的基本尺寸外，应和单元小材堆宽度之和相适应，通常装 3～4 排，排与排之间要隔开 100～200mm，以防止干燥室在径深方向上，由于排与排之间隔条的上下错位，而导致的气流通道不畅。干燥室高度方向上约装 3 个单元小材堆，各单元小材堆之间用垛间隔条隔开。

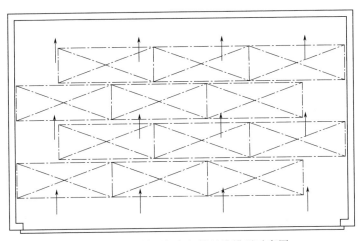

图 4-2　气流循环方向相邻材堆错开示意图

4.1.2　隔条及其使用

板材堆积时，在材堆高度方向上，每两层板材之间应放置隔条。其作用包括：①使干燥介质能在每一层板材之间自由流通，以便将热量传给板材，同时把从板材中蒸发出来的水分带走；②使材堆在宽度方向上稳定；③使材堆中的各层板材夹紧，防止和减轻翘曲变形。

隔条按用途可分为层间隔条和垛间隔条，前者是把堆放在材堆或材垛中的锯材逐层隔开；后者是在堆积叠垛式材堆时把材垛上下隔开。生产上经常使用的层间隔条，其宽度为35～45mm，厚度为20～25mm；垛间隔条截面的规格一般为（75mm×75mm）～（100mm×100mm）。

在实际生产中，隔条会反复经受高温与高湿的作用。因此要求制作隔条的木材物理力学性能好，材质均匀，纹理通直，能经久使用；一般使用变形小、硬度高的干锯材制作。隔条应四面刨光，厚度公差为±1mm。特殊情况下也可使用非矩形（异形）截面隔条（图4-3）或金属隔条（图4-4）。

图4-3　非矩形截面隔条　　　　　　　图4-4　金属隔条

锯材的堆积作业简单而繁重，是干燥工艺的重要组成部分，材堆堆积质量对木材干燥质量和产量有非常大的影响。锯材堆积时的注意事项具体如下。

① 在一个材堆中，木材的树种、厚度应相同，或树种不同而材质相近。木材厚度的容许偏差为木材平均厚度的10%，初含水率力求一致。

② 材堆中，各层隔条在高度上应自上而下地保持在一条垂直线上，并应着落在材堆底部的支撑横梁上。如隔条的根数与支撑横梁的根数不同时，就必须采用棚架隔条的方法，使隔条由横梁上逐层依次地向正确位置移动（"跑条错半"），如图4-5所示。

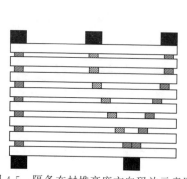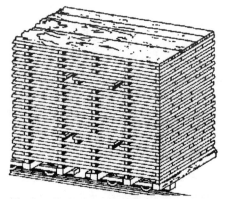

图4-5　隔条在材堆高度方向码放示意图　　图4-6　检验板在材堆中预留位置示意图

③ 锯材码放时，隔条的配置数量视木材的树种、锯材的厚度和材堆的长度而定。板材越薄，要求的干燥质量越高，或者是要求的终含水率越低，放置的隔

条数目应该越多。一般可参考表 4-1 中的数量。

表 4-1　隔条配置数量表

锯材厚度/mm	锯材长度/m					
	2	2.5	3	4	5	6
30 以下	4(4)	5(5)	6(6)	8(9)	10(11)	12(13)
31 以上	4(4)	5(5)	6(6)	8(8)	10(10)	11(12)

注:括号外的数字为针叶树材隔条配置数量;括号内的数字为阔叶树材隔条配置数量。

④ 材堆端部的两行隔条,应与板端齐平,以免发生端裂。若木材长短不一,长材应堆积在材堆的下部和两侧,短材应堆积在材堆的上部和中间,以保证材堆的稳定性。

⑤ 材堆堆积时要求一端平齐;材堆两侧应整齐垂直,以利于循环气流沿材堆高度均匀流入。隔条应伸出材堆侧面 20～30mm,以增加材堆的稳定性,减少材堆两边板材变形,且有利于码垛,但隔条不能伸出材堆太长,以防止材堆不能进出干燥室。

⑥ 在材堆中应预留空位放置检验板,如图 4-6 所示。检验板放置位置不应小于两个隔条。

⑦ 为了防止材堆上部几层板材发生翘曲,需要在材堆上部设置压紧装置,如图 4-7 所示。

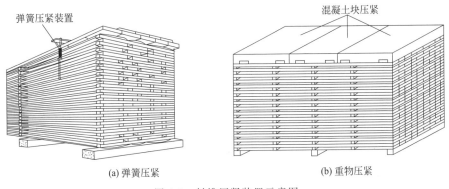

(a) 弹簧压紧　　　　　　　　　　(b) 重物压紧
图 4-7　材堆压紧装置示意图

⑧ 干燥毛料时,若板材的厚度小于 40mm,宽度小于 50mm 时,毛料自身可作为隔条,若毛料尺寸超过上述数据,应放置隔条,否则会影响板材的干燥质量。

4.2　干燥基准

木材干燥是一个复杂的工艺过程。首先需要根据树种、锯材规格、干燥质量和用途编制或选用合理的干燥基准,然后按干燥基准的技术要求制订出合理的干燥工艺。通过实施制订的干燥工艺，实现木材的干燥处理。木材干燥的原则，是在保证被干木材质量的前提下，尽量缩短干燥时间，降低干燥成本，为了保证质量首先必须要选用或制订出合适的干燥基准。

木材干燥基准是木材人工干燥过程中调节干燥室内干燥介质温度和湿度变化的程序表，是木材干燥工艺的核心，对木材干燥质量的优劣和干燥速度的快慢有决定性的影响。不同材种、不同厚度的成材干燥时，其干燥基准也各不相同。因此，干燥基准的制订、选用以及执行得正确与否，直接影响成材的干燥质量与效益，对于木材干燥工艺过程有决定性的意义。

4.2.1　干燥基准的分类

木材干燥基准的种类主要有含水率基准（含波动基准、半波动基准和干燥梯度基准）、时间基准和连续升温基准三种。

（1）含水率干燥基准　根据木材的含水率阶段控制介质的温、湿度参数。即把整个干燥过程按含水率的变化幅度划分成几个阶段，每一含水率阶段规定了干燥介质的温度、相对湿度。这是国内外应用最广泛的基准。通常随着木材含水率的降低，分阶段地升高介质的温度，降低介质的湿度。但干燥硬阔叶树材厚板或方材时，由于板材中心的水分很难向外排出，故周期式地升高介质的温度和湿度，然后再降低介质的温、湿度，充分利用温度梯度的作用，促使木材内的水分由内部温度较高处向表面温度较低处移动。如此温、湿度反复波动，故称为波动基准。但波动基准执行时，蒸汽耗量较大，且不太容易掌握，执行不当时，容易引起开裂等干燥缺陷，故生产上使用不多。

（2）时间干燥基准　按干燥时间控制干燥过程，制订干燥介质的状态参数，即按时间阶段规定相应的介质温度和湿度。时间基准只有在长期使用一定的干燥设备，且长期干燥某些固定的树种和规格的锯材，又积累了较丰富的经验时才使用。一般情况下不推荐使用时间基准。

（3）连续升温干燥基准　其基本原理是，为了保持干燥介质和被干燥木料之间的温度差为常数，从而恒定介质传给木材的热量，以加快干燥速度，故在干燥过程中，从较低温度开始，按一定速率，连续升高介质的温度，直至某一指定数值。

此类基准操作方便，干燥快速，在美国和加拿大较多地用于干燥易干的针叶树材（特别是薄板）。但这类基准对介质的湿度不易控制，若用于硬阔叶树材或难干的针叶树材（如落叶松等）时，易产生干燥缺陷，应慎用。

4.2.2　干燥基准的编制

4.2.2.1　编制依据

编制一个较好的干燥基准，是一项十分重要而又细致、复杂的工作，需要有严肃认真的科学态度。在生产单位，由于采用的干燥室的结构已确定，编制干燥基准表时，主要根据树种、成材规格、质量要求和产品用途等提出新的基准方案，然后再反复地试验和修改，才能制订出比较满意的干燥基准表。

（1）木材的树种 不同树种的木材，由于其构造特征和物理力学性质的不同，采用的干燥基准也就不同。

针叶树材，一般密度小、材质轻软、结构均匀、纹理通直、干缩量较小、水分传导性能好，因此容易干燥。同时在干燥过程中，含水率梯度和内应力都不会过大，不易产生开裂和变形等缺陷。所以可以用较硬的干燥基准和较快的干燥方法。

阔叶树材密度大、材质硬、干缩量大、水分移动较慢，同时在干燥过程中容易出现较大的含水率梯度和内应力，容易产生开裂和变形等干燥缺陷。所以，应当采用较软的干燥基准和较慢的干燥方法。

一般来说，凡是密度大的木材，强度就大，而且材质硬，在干燥中适宜采用较软的基准。密度越大，干燥基准就应该越软。例如：红松和水曲柳，当它们的板材厚度相同时，水曲柳板材的干燥基准就应该比红松板材的干燥基准软些。但是，也有些树种虽然密度较小，干燥也不能采用较硬的基准。例如：杨木、桉木等人工速生林树种，由于木材初含水率高、芯边材偏差大、材质疏松、生长应力大等原因，其在干燥过程中很容易产生表面开裂、皱缩，以至发生内裂等干燥缺陷。所以应该采用较软的干燥基准。

（2）成材的规格 在干燥作业中，成材的规格，主要指厚度。一般来说，对薄板中板可以采用较硬的干燥基准；对厚板和特厚板应采用较软一些的干燥基准。因为，干燥厚板材时，容易产生较大的含水率梯度和内应力，会产生表面硬化和开裂等干燥缺陷。但是干燥厚度在 1.8cm 以下的薄板时，很容易产生翘曲（特别是杨木、榆木更为明显），不能用硬基准，而应采用软基准。在生产中如遇到干燥特厚板材使用软基准仍不能解决干燥过程中产生的过大含水率梯度和内应力时，可采用波动式干燥基准。

（3）质量要求和产品用途 对于有特殊用途或干燥质量要求较高的木材制品，应以保证干燥质量为主，用软基准。对干燥质量要求不高的一般用材，可以采用硬基准。木材的最终含水率，是根据使用要求和使用地区的平衡含水率来确定的。一般来说，最终含水率应当均匀，从干燥室出来的干木材的含水率应当比用它制成成品的含水率低 2%～3%，即应比使用地区的平衡含水率低 2%～3%。

4.2.2.2 编制方法

对于未知树种和规格的木材需要制订新的干燥基准。在干燥基准编制过程中，分为有现成干燥基准参考和无现成干燥基准参考两种情况。有现成干燥基准参考采用比较分析法编制干燥基准；无现成干燥基准参考可采用百度试验法编制干燥基准。

（1）比较分析法　如果被干锯材没有现成的干燥基准可以参考，干燥基准的制订首先从研究木材性质和干燥特性开始，然后用分析和试验相结合的方法在实验室进行干燥基准试验。

木材性质主要指木材的基本密度、弦向和径向干缩系数；木材的干燥特性主要指干燥的难易程度和难干木材易产生的干燥缺陷。通过测试被干木材性质和干燥特性，参考性质和干燥特性与其相近木材的干燥基准，确定出被干锯材的初步干燥基准；初步的干燥基准在实验室条件下进行多次小试和修订，确定为初步干燥基准并进行生产性试验；若生产性试验成功，可认为初步干燥基准是合理的，并在生产上继续考察和修改，最终确定为该树种和规格的干燥基准。

（2）百度试验法　在对一新树种的成材干燥时，仅仅从其宏观构造是无法断定其干燥特性的。为了获得该树种的干燥规律，通常采用以低温高湿为起点的干燥条件对其进行试探性试验，将获得的资料，再结合材性相似树种的干燥条件进行调整。再进行小批量试验，再调整，再试验。直到确定出该树种的干燥基准为止。这种常用的方法，虽能制订出较为合适的干燥基准来，但它存着操作过程复杂、时间过长、耗用试材数量较多等缺点，另外，这种方法主要依赖于人们在生产中所积累的经验，难免因人而异，变化较大。

日本名古屋大学寺沢真教授根据 37 个树种的木材干燥特性，采用欧美干燥基准系列（美国林产实验室制订）总结出了一种预测木材干燥基准的方法。该方法简便易行，可快速编制未知树种木材的干燥基准，对从事木材干燥生产及研究工作者有一定参考价值。1984 年北京林业大学戴于龙等学者在国内首次采用时，称之为百度试验法，并沿用至今。该法简便易行，快速。现就根据寺沢真教授等人 1983 年出版的资料为基础，并结合国内的后续研究结果对此种方法作一介绍，供使用时参考。

百度试验法的要点是指把标准尺寸的试件放置在干燥箱内，在温度为 100℃的条件下进行干燥并观察其端裂与表面开裂的情况，干燥终了后，锯开试件观察其中央部位的内裂（蜂窝裂）和截面变形（塌陷）状态。以确定木材在干燥室干燥时的温度和相对湿度。也就是说，百度试验法是根据试材的初期开裂（端裂与表面开裂）、内部开裂与塌陷等破坏与变形的程度而决定干燥基准的初期温度、末期温度和干湿球温度差的。用标准试件所确定出的是被试验树种的厚度为 2.5cm 板材的干燥基准。另外，百度试验法根据试件在干燥过程中含水率的变化与消耗的时间，还可以估计出在干燥室干燥时所需要的干燥时间。

① 试材及试验设备　为了满足试验的要求，使试验的结果更为准确，试材

应满足以下要求，其外形如图 4-8 所示。

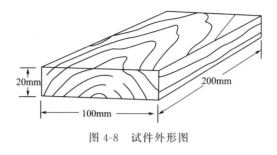

图 4-8　试件外形图

　　a. 试材材质。木材的质量不应太差，要求颜色正常，无节疤，纹理通直，而且试件应为弦向板。

　　b. 初含水率。对于密度适中的木材，试件的初含水率最好在 50％ 以上；对于硬阔叶树材中密度较大的木材，试件的初含水率不应低于 45％，否则难以达到预期的效果。

　　c. 试件规格。试件的标准规格为 200mm×100mm×20mm（长×宽×厚），应以试材的中间部位截取试件，两端面应为新锯开的截面，且不涂刷涂料。试件四面刨光，端面可用高速截锯截取，以便于准确观察其缺陷发展的状态。

　　d. 试验设备。恒温干燥箱；天平（电子秤）；游标卡尺等。

　　② 试验步骤　先从待干锯材中选择标准的弦切板，按要求制取标准试件。同时在紧靠试件两端截取两片顺纹厚度 10～12mm 的初含水率试片，用重量法测定试件的初含水率。试件做好后，应准确测量其尺寸（精确到 0.02mm）并称重（精确到 0.01g）。标准试件测得初重后，立即放入温度为（100±2）℃的恒温箱内烘干。为使试件受热均匀，应把试件横立［图 4-9（a）］，使木材纹理方向呈水平。若干燥箱较小，一次以放置 3～4 块为宜，大干燥箱一次可放置 6～7 块。

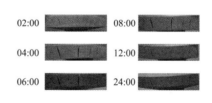

(a) 试件在干燥箱中的放置方式　　(b) 初期开裂程度随时间的变化(桉木)

图 4-9　百度试验相关图片

　　在试验过程中，测量与观察的频数依树种与含水率的不同而异。针叶树材，最初测视的间隔时间 0.5～1h，阔叶树材为 1h。以后，每隔 1～2h 测视一次，主要是称重并记录初期最大的端裂与表面开裂的情况，这段时间约 6～8h［图 4-9

（b）]。当裂缝开始愈合时，就可以将测视间隔时间设为 4～6h 或更长。当开裂达到最大程度时，测量开裂的程度，初期开裂的等级参照图 4-11 和相应的分级量化指标确定。

试验所需要的时间，依树种而异。随着试件的继续干燥，外裂会在一定程度上变小，直至试件烘到全干，一般约需 30～80h 或更长。干燥结束后，将试件从长度方向的中央锯开，观察记录其内部开裂与截面变形程度，以便进行资料处理。内部开裂的等级参照图 4-12 和相应的分级量化指标确定；截面变形以材边厚度与材边邻近下凹处厚度之差表示，参照表 4-2 确定分级。

③ 资料处理　百度试验法观察记录的缺陷有三种：初期开裂、内部开裂与截面变形。

a. 初期开裂。包括端裂、端裂延至表面的开裂、表面开裂、表面延至端面的开裂与贯通开裂等。虽然各种开裂的程度及其形状变异很大，但同一树种的木材或材性相似树种的木材，表现出来的状态是非常相似的。各种初期开裂的状态如图 4-10 所示。

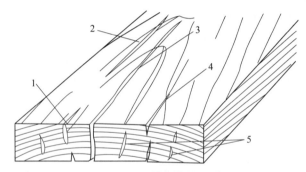

图 4-10　干燥初期的开裂
1—端裂延至表面的开裂；2—表面开裂；3—贯通开裂；4—表面延至端面的开裂；5—端面开裂

干燥初期的开裂，除与干燥条件有关以外，还与树种有关。一般来说，大多数的端面开裂与立木的生长应力有关；表面开裂与干燥时的温度、相对湿度有关。表面开裂比较严重的树种，应以较软的基准进行干燥。如果是只发现较小裂纹的树种，而且主要是在试件的端面上，就可以用较硬的基准进行干燥。这就是说，初期开裂与干燥条件之间的关系是相当密切的。为便于判断，百度试验把初期开裂的程度分为五级，如图 4-11 所示。

b. 内部开裂。有的是最初发生在表面的裂纹向内部发展后又愈合所致的，有的是表面完好无损仅发生在内部的开裂。弦向材的内部开裂发生在干燥末期，主要是由试件的内外应力的不一致所引起的。干燥后，试件内部开裂程度分为五级，如图 4-12 所示。

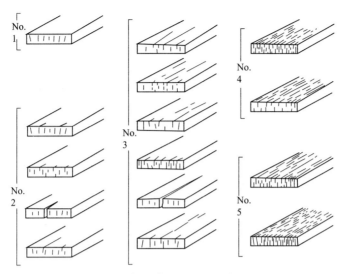

图 4-11 干燥初期阶段开裂程度分级图

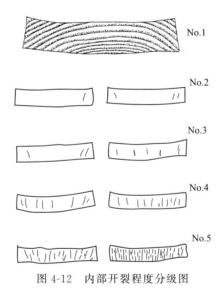

图 4-12 内部开裂程度分级图

　　c. 截面变形。在干燥结束后，从试件长度方向的中央部位锯开后可观察到截面变形，立即用千分尺精确地测量尺寸。图 4-13 为截面变形示意图，按图 4-13 测出 A、B 之差值（可取截面两端的较大差值）。截面变形程度分为五级，见表 4-2 所示。

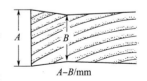

图 4-13 截面变形示意图

表 4-2　截面变形分级表

级　别	No. 1	No. 2	No. 3	No. 4	No. 5
$A-B/\mathrm{mm}$	0～0.4	0.5～0.9	1.0～1.9	2.0～3.4	3.5 以上

这样，在获得了三种缺陷的状态后，就可以利用表 4-3（缺陷程度与干燥条件的关系）查到对应于各种缺陷的干燥阶段的初期温度、干湿球温度差与末期温度。从中选取各温度与干湿球温度差的最低条件，即为试验树种（厚度为 2.5cm 的板材）的预定干燥基准框架。

表 4-3　缺陷程度与干燥条件的关系　　　　　　　　　　单位:℃

干燥缺陷	干燥特性等级	No. 1	No. 2	No. 3	No. 4	No. 5
初期开裂	初始温度	70	60	55	50	45
	初期干湿球温度差	7.0	5.0	3.0	2.0	2.0
	后期最高温度	95	90	80	80	80
截面变形	初始温度	70	60	55	50	45
	初期干湿球温度差	7.0	5.0	4.0	3.0	2.5
	后期最高温度	95	80	80	75	70
内部开裂	初始温度	70	55	50	50	45
	初期干湿球温度差	7.0	5.0	4.0	3.0	2.5
	后期最高温度	95	80	75	70	70

注:摘自寺沢真等,1983。

④ 干燥基准的编制　百度试验法预测的干燥基准为含水率基准。通过查表的方法查出干燥初期温度、干湿球温度差和末期温度后，即可按干燥过程中含水率的变化分为若干阶段，并确定每一个含水率阶段的温度与相对湿度（干湿球温度差）。

一般的原则是，在干燥初期，干燥阔叶树材时，干球温度为 50℃，干湿球温度差为 3～5℃；干燥针叶树材时，干球温度为 60℃，干湿球温度差为 4～6℃。在干燥中期，干燥温度从含水率 35% 起，含水率每降低 3%～5%，温度升高 5～7℃，随着含水率逐渐降低，温度的升高幅度也相应地增大。对于阔叶树材，在大多数情况下，干燥初期可取一样的干燥条件，当含水率降低至初含水率的 2/3 时，开始改变干燥条件，其后，含水率每降低 5%，干燥温度升高 5～7℃时，干湿球温度差增大 3.2～1.5 倍。在整个干燥过程中，干湿球温度差的最大值为 25～30℃。对于针叶树材和部分阔叶树材，一般干燥中期从含水率 35% 左右开始改变干燥条件。

具体做法是，以初期温度、干湿球温度差与末期温度为依据，参照表 4-4 或表

4-5，即可编制出所需的干燥基准。表 4-4 为针叶树材的含水率与干湿球温度差的关系，表 4-5 为阔叶树材的含水率与干湿球温度差的关系，实际使用时切勿用错。

表 4-4　含水率与干湿球温度差的关系（针叶树）

依初含水率不同所分的阶段/%						干湿球温度差/℃							
40	50	60	75	90	110	1	2	3	4	5	6	7	8
40~30	50~35	60~40	75~50	90~60	110~70	1.5	2	3	4	6	8	11	15
30~25	35~30	40~35	50~40	60~50	70~60	2	3	4	6	8	11	14	17
25~20	30~25	35~30	40~35	50~40	60~50	3	5	5	9	11	14	17	22
20~15	25~20	30~25	35~30	40~35	50~40	5	8	8	11	14	17	22	22
	20~15	25~20	30~25	35~30	40~35	8	11	11	14	17	22	22	22
		20~15	25~20	30~25	35~30	11	14	14	17	22	22	22	22
			20~15	25~20	30~25	14	17	17	22	22	22	22	22
				20~15	25~20	17	22	22	22	22	22	22	22
					20~15	22	22	22	22	22	22	22	22
15以下	15以下	15以下	15以下	15以下	15以下	30	30	30	30	30	30	30	30

表 4-5　含水率与干湿球温度差的关系（阔叶树）

依初含水率不同所分的阶段/%						干湿球温度差/℃							
40	50	60	75	90	110	1	2	3	4	5	6	7	8
40~30	50~35	60~40	75~50	90~60	110~70	1.5	2	3	4	6	8	11	15
30~25	35~30	40~35	50~40	60~50	70~60	2	3	4	6	8	12	18	20
25~20	30~25	35~30	40~35	50~40	60~50	3	5	6	9	12	18	25	30
20~15	25~20	30~25	35~30	40~35	50~40	5	8	10	15	20	30	30	30
15~10	20~15	25~20	30~25	35~30	40~35	12	18	18	25	30	30	30	30
10以下	15以下	20以下	25以下	30以下	35以下	25	30	30	30	30	30	30	30

　　⑤ 干燥时间的估算　干燥一种新的树种，如果在编制较为合理的干燥基准同时，又能估计出该木材在干燥室内干燥的时间，这对实际生产的应用将是十分有益的。

　　在百度试验中，估算干燥时间的方法是：利用木材中水分移动的难易程度与干燥条件二者相结合，即可利用有关图表进行估算。一般来说，若用较大的干湿球温度差与较高的温度条件干燥木材时，所需要的时间就短；反之，所需要的干燥时间就长。从百度试验中可以得到两个基本数据：干燥初期的干湿球温度差与试件含水率降至 1% 所用的时间。根据这两个基本数据，利用图 4-14 即可估算出干燥时间。

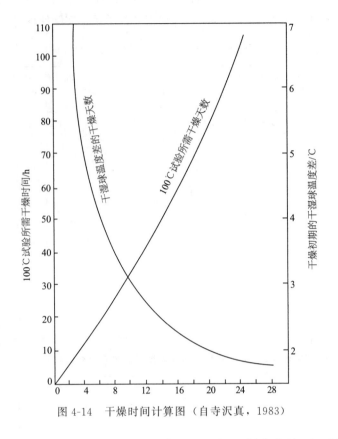

图 4-14　干燥时间计算图（自寺沢真，1983）

具体做法是：先绘制出试件的干燥曲线。根据干燥曲线就可以得到含水率降至 1% 所用的干燥时间（h）。绘图时，可用对数格纸或方格纸，其中用对数格纸绘制的曲线近似直线，得到的时间比较精确，而且绘图方便。用方格纸绘图的曲线呈 S 形。

用图 4-14 计算的干燥时间有两种：一种是根据干燥的初期干湿球温度差得到的干燥时间（昼夜）；另一种是根据含水率降至 1% 耗用的时间（h）而得到的干燥时间（昼夜）。这二者的平均值，就是厚度为 2.5cm 板材在强制循环干燥室内干燥至含水率 10% 所需要的干燥时间（昼夜）。

若板材厚度不同时，可用公式（4-1）计算：

$$\frac{Z_1}{Z_2} = \left(\frac{S_1}{S_2}\right)^n \tag{4-1}$$

式中　Z_1——厚度为 2.5cm 板材的干燥时间；

Z_2——所求厚度板材干燥时间；

S_1——厚度，取 2.5cm；

S_2——所求板材厚度，cm；

n——相关指数，一般为 1.5～2.0。

⑥ 特别说明　百度试验法是采用欧美干燥基准系列研究出来的，该系列中的干燥基准与我国的干燥基准相比较普遍要软一些。为了使百度试验的结果更接近于我国的实际生产情况，必须对试验结果做适当的修正。再者由于个别树种的材性比较特殊，特别是对一些难干硬阔叶树材而言，百度试验中标准试件的干燥缺陷，不一定能完全反映出被干试材的真实情况。为避免这种情况的产生，在进行百度试验的同时，可用该试件进行材性（密度、干缩率、干缩系数等）测定，然后依此对干燥基准进行适当的调整。

4.2.3　干燥基准的选用

对木材进行干燥时，首先是要根据被干木材的树种和规格选择适宜的干燥基准。干燥基准选择是否合理，直接影响干燥室的生产量和木材的干燥质量。在木材干燥基准的制订及收集整理方面，国内外相关学者及技术人员作出了大量卓有成效的工作，比较全面的木材干燥基准资料是由美国农业部林产服务林产品实验室整理的一般性技术报告 FPL-GTR-57，该报告中包含了温带和热带地区 500 种以上商用木材的建议性干燥基准。限于篇幅及我国木材干燥作业的实际情况，本手册在此部分主要针对我国现行的锯材干燥基准、前苏联三段式锯材干燥基准，以及连续式干燥室锯材干燥基准进行介绍，以期能为生产实践提供借鉴和参考。

（1）我国现行的锯材干燥基准　我国现行的锯材干燥基准，主要依据林业行业标准 LY/T 1068 而来，目前发布的最新版本为 2012 版。对于一般用途的木材，可根据 LY/T 1068—2012《锯材窑干工艺规程》中的基准表选用；而对于重要的国防军工用材，应选用基准表中相对较软的干燥基准。

对于缺乏干燥经验的木材和操作经验不足的干燥室来说，应选用软干燥基准试干，然后逐步调整，最后制订出合理的干燥基准。对于借用其他单位的干燥基准，只能参考使用。

依据 LY/T 1068—2012 中的基准表，锯材干燥基准的选用过程如下。首先从表 4-6（针叶树锯材）和表 4-8（阔叶树锯材）中查找某树种和规格对应的基准号，之后再根据基准号查表 4-7 和表 4-9 中的锯材干燥基准表，即可获得该树种和规格锯材的干燥基准。

表 4-6　针叶树锯材基准选用表

树种	材厚/mm					
	15	25、30	35	40、50	60	70、80
红松	1-3	1-3		1-2	1-2*	2-1*

树种	材厚/mm					
	15	25、30	35	40、50	60	70、80
马尾松、云南松	1-2	1-1		1-1	2-1*	
樟子杉、红皮云杉、鱼鳞云杉	1-3	1-2		1-1	2-1*	2-1*
东陵冷杉、沙松冷杉、杉木、柳杉	1-3	1-1		1-1	2-1	3-1
兴安落叶松、长白落叶松		3-1、8-1*	8-2*	4-1*	5-1*	
长苞铁杉		2-1		3-1*		
陆均松、竹叶松	6-2	6-1		7-1		

注:1. 初含水率高于80%的锯材,基准第1、2阶段含水率分别改为50%以上及50%～30%。

2. 有＊号者表示需进行中间高温整理。

3. 其他厚度的锯材参照表列相近厚度的基准。

4. 表中 8-1* 和 8-2* 为落叶松脱脂干燥基准,适合于锯材厚度在 35mm 以下。汽蒸预处理时间需比常规干燥预处理时间增加 2～4h。经高温脱脂后的锯材颜色加深。

表 4-7　针叶树锯材干燥基准

	1-1				1-2				1-3		
W/%	t/℃	Δt/℃	EMC/%	W/%	t/℃	Δt/℃	EMC/%	W/%	t/℃	Δt/℃	EMC/%
40 以上	80	4	12.8	40 以上	80	6	10.7	40 以上	80	8	9.3
40～30	85	6	10.7	40～30	85	11	7.5	40～30	85	12	7.1
30～25	90	9	8.4	30～25	90	15	8.0	30～25	90	16	5.7
25～20	95	12	6.9	25～20	95	20	4.8	25～20	95	20	4.8
20～15	100	15	5.8	20～15	100	25	3.2	20～15	100	25	3.8
15 以下	110	25	5.7	15 以下	110	35	2.4	15 以下	110	35	2.4

	2-1				2-2				3-1		
W/%	t/℃	Δt/℃	EMC/%	W/%	t/℃	Δt/℃	EMC/%	W/%	t/℃	Δt/℃	EMC/%
40 以上	75	4	13.1	40 以上	75	6	11.0	40 以上	70	3	14.7
40～30	80	5	11.6	40～30	80	7	9.9	40～30	72	4	13.3
30～25	85	7	9.7	30～25	85	9	8.5	30～25	75	6	11.0
25～20	90	10	7.9	25～20	90	12	7.0	25～20	80	10	8.2
20～15	95	17	5.3	20～15	95	17	5.3	20～15	85	15	6.1
15 以下	100	22	4.3	15 以下	100	22	4.3	15 以下	95	25	3.8

	3-2				4-1				4-2		
W/%	t/℃	Δt/℃	EMC/%	W/%	t/℃	Δt/℃	EMC/%	W/%	t/℃	Δt/℃	EMC/%
40 以上	70	5	12.1	40 以上	65	3	15.0	40 以上	65	5	12.3
40～30	72	6	11.1	40～30	67	4	13.5	40～30	67	6	11.2

	3-2				4-1				4-2		
W/%	t/℃	Δt/℃	EMC/%	W/%	t/℃	Δt/℃	EMC/%	W/%	t/℃	Δt/℃	EMC/%
30～25	75	8	9.5	30～25	70	6	11.1	30～25	70	8	9.6
25～20	80	12	7.2	25～20	75	8	9.5	25～20	75	10	8.3
20～15	85	17	5.5	20～15	80	14	6.5	20～15	80	14	6.5
15 以下	95	25	3.8	15 以下	90	25	3.8	15 以下	90	25	3.8

	5-1				5-2				6-1		
W/%	t/℃	Δt/℃	EMC/%	W/%	t/℃	Δt/℃	EMC/%	W/%	t/℃	Δt/℃	EMC/%
40 以上	60	3	15.3	40 以上	60	5	12.5	40 以上	55	3	15.6
40～30	65	5	12.3	40～30	65	6	11.3	40～30	60	4	13.8
30～25	70	7	10.3	30～25	70	8	9.6	30～25	65	6	11.3
25～20	75	9	8.8	25～20	75	10	8.3	25～20	70	8	9.6
20～15	80	12	7.2	20～15	80	14	6.5	20～15	80	12	7.2
15 以下	90	20	4.8	15 以下	90	20	4.8	15 以下	90	20	4.8

	6-2				7-1		
W/%	t/℃	Δt/℃	EMC/%	W/%	t/℃	Δt/℃	EMC/%
40 以上	55	4	14.0	40 以上	50	3	15.8
40～30	60	5	12.5	40～30	55	4	14.0
30～25	65	7	10.5	30～25	60	5	12.5
25～20	70	9	9.0	25～20	65	7	10.5
20～15	80	12	7.2	20～15	70	11	8.0
15 以下	90	20	4.8	15 以下	80	20	4.9

	8-1				8-2		
W/%	t/℃	Δt/℃	EMC/%	W/%	t/℃	Δt/℃	EMC/%
40 以上	100	3	13.0	40 以上	95	2 3	14.9 13.2
40～30	100	5	10.8	40～30	95	5	11.0
30～25	100	8	8.6	30～25	85	7	9.7
25～20	100	12	6.7	25～20	85	10	8.0
20～15	100	15	5.8	20～15	95	15	5.9
15 以下	100	20	4.7	15 以下	95	20 24	4.8 4.0

注:W 为木材含水率;t 为干球温度;Δt 为干湿球温度差;EMC 为木材平衡含水率。

表 4-8　阔叶树锯材基准选用表

树　　种	材厚/mm				
	15	25、30	40、50	60	70、80
椴木	11-2	12-3	13-3	14-3*	
沙兰杨	11-2	12-3(11-1)	12-3		
石梓、木莲	11-1	12-2(11-1)	13-2(12-1)		
白桦、枫桦	13-3	13-2	14-10*		
水曲柳	13-3	13-2*	13-1*	14-6*	15-1*
黄菠萝	13-3	13-2	13-1	14-6*	
柞木	13-2	14-10*	14-6*	15-1*	
色木(槭)木、白牛槭		13-2*	14-10*	15-1*	
黑桦	13-4	13-5	15-6*	15-1*	
核桃楸	13-6	14-1*	14-13*	15-8*	
甜锥、荷木、灰木、枫香、拟赤杨、桂樟		14-6*	15-1*	15-9	
樟叶槭、光皮桦、野柿、金叶白兰、天目紫茎		14-10*	15-1*		
檫木、苦楝、毛丹、油丹		14-10*	15-1*		
野漆		14-10	15-2*		
橡胶木		14-10	15-2		
黄榆	14-4	15-4*	16-7*	16-2*	
辽东栎	14-5	15-5*	16-6*	16-8*	
臭椿	14-7	14-12*		17-1*	
刺槐	14-2	14-8*	15-7*		
千金榆	14-9	14-11*			
裂叶榆、春榆	14-3	15-3	16-2		
毛白杨、山杨	14-3	16-3	17-3(18-3)		
大青杨	15-10	16-1	16-5	16-9	
水青冈、厚皮香、英国梧桐		16-4*	17-2*	18-2*	
毛泡桐	17-4	17-4	17-4		
马蹄荷		17-5*			
米老排		18-1*			
麻栎、白青冈、红青冈		18-1*			
稠木、高山栎		18-1*			
兰考泡桐	20-1	20-1	19-1		

注:1. 选用 13 号至 20 号基准时,初含水率高于 80%的木材,基准第 1、2 阶段含水率分别改为 50%以上和 50%～30%;初含水率高于 120%的木材,基准第 1、2、3 阶段含水率分别改为 60%以上,60%～40%,40%～25%。

2. 有 * 号者表示需进行中间处理。

3. 其他厚度的木材参照表列相近厚度的基准。

4. 毛泡桐、兰考泡桐窑干前冷水浸泡 10～15d,气干 5～7d。不进行高湿处理。

表 4-9　阔叶树锯材干燥基准

	11-1				11-2				12-1		
W/%	t/℃	Δt/℃	EMC/%	W/%	t/℃	Δt/℃	EMC/%	W/%	t/℃	Δt/℃	EMC/%
60 以上	80	5	11.6	60 以上	80	7	9.9	60 以上	70	4	13.3
60~40	85	7	9.7	60~40	85	8	9.1	60~40	72	5	12.1
40~30	90	10	7.9	40~30	90	11	7.4	40~30	75	8	9.5
30~20	95	14	6.4	30~20	95	16	5.6	30~20	80	12	7.2
20~15	100	20	4.7	20~15	100	22	4.4	20~15	85	16	5.8
15 以下	110	28	3.3	15 以下	110	28	3.3	15 以下	95	20	4.8

	12-2				12-3				13-1		
W/%	t/℃	Δt/℃	EMC/%	W/%	t/℃	Δt/℃	EMC/%	W/%	t/℃	Δt/℃	EMC/%
60 以上	70	5	12.1	60 以上	70	6	11.1	60 以上	65	3	15.0
60~40	72	6	11.1	60~40	72	7	10.3	60~40	67	4	13.6
40~30	75	9	8.8	40~30	75	10	8.3	40~30	70	7	10.3
30~20	80	13	6.8	30~20	80	14	6.5	30~20	75	10	8.3
20~15	85	16	5.8	20~15	85	18	5.2	20~15	80	15	6.2
15 以下	95	20	4.8	15 以下	95	20	4.8	15 以下	90	20	4.8

	13-2				13-3				13-4		
W/%	t/℃	Δt/℃	EMC/%	W/%	t/℃	Δt/℃	EMC/%	W/%	t/℃	Δt/℃	EMC/%
40 以上	65	4	13.6	40 以上	65	6	11.3	40 以上	65	3	12.3
40~30	67	5	12.3	40~30	67	7	10.5	40~30	70	7	10.3
30~25	70	8	9.6	30~25	70	9	9.0	30~25	74	9	8.8
25~20	75	12	7.3	25~20	75	12	7.3	25~20	78	11	7.7
20~15	80	15	6.2	20~15	80	15	6.2	20~15	82	14	6.5
15 以下	90	20	4.8	15 以下	90	20	4.8	15 以下	90	20	4.8

	13-5				13-6				14-1		
W/%	t/℃	Δt/℃	EMC/%	W/%	t/℃	Δt/℃	EMC/%	W/%	t/℃	Δt/℃	EMC/%
35 以上	65	4	13.6	35 以上	65	6	113	35 以上	60	5	12.3
35~30	69	6	11.1	35~30	70	8	9.6	35~30	66	7	10.5
30~25	72	8	9.6	30~25	74	10	8.3	30~25	72	9	8.9
25~20	76	10	8.3	25~20	78	12	7.2	25~20	76	11	7.8
20~15	80	13	6.8	20~15	83	15	6.1	20~15	80	14	6.5
15 以下	90	20	4.8	15 以下	90	20	4.8	15 以下	90	20	4.8

14-2				14-3				14-4			
W/%	t/℃	Δt/℃	EMC/%	W/%	t/℃	Δt/℃	EMC/%	W/%	t/℃	Δt/℃	EMC/%
35 以上	60	3	15.3	35 以上	60	6	11.4	40 以上	60	5	12.5
35～30	66	5	12.3	35～30	62	7	10.6	40～30	66	7	10.5
30～25	72	7	10.2	30～25	65	9	9.1	30～25	70	9	9.0
25～20	76	10	8.3	25～20	70	12	7.5	25～20	74	11	7.8
20～15	81	15	6.2	20～15	75	15	6.3	20～15	78	14	6.5
15 以下	90	25	3.9	15 以下	85	20	4.9	15 以下	85	20	4.9

14-5				14-6				14-7			
W/%	t/℃	Δt/℃	EMC/%	W/%	t/℃	Δt/℃	EMC/%	W/%	t/℃	Δt/℃	EMC/%
35 以上	60	4	13.8	35 以上	60	3	15.3	40 以上	60	4	13.8
35～30	65	6	11.3	35～30	62	4	13.8	40～30	65	6	11.3
30～25	70	8	9.6	30～25	65	7	10.5	30～25	69	8	9.6
25～20	74	10	8.3	25～20	70	10	8.5	25～20	73	10	7.9
20～15	78	13	6.9	20～15	75	15	6.3	20～15	78	13	6.9
15 以下	85	20	4.9	15 以下	85	20	4.9	15 以下	85	20	4.9

14-8				14-9				14-10			
W/%	t/℃	Δt/℃	EMC/%	W/%	t/℃	Δt/℃	EMC/%	W/%	t/℃	Δt/℃	EMC/%
35 以上	60	3	15.3	35 以上	60	5	12.5	40 以上	60	4	13.8
35～30	65	5	12.3	35～30	65	7	10.5	40～30	62	5	12.5
30～25	70	7	10.3	30～25	70	9	9.0	30～25	65	8	9.8
25～20	73	9	8.9	25～20	73	11	7.9	25～20	70	12	7.5
20～15	78	12	7.2	20～15	77	14	6.6	20～15	75	15	6.3
15 以下	85	20	4.9	15 以下	85	20	4.9	15 以下	85	20	4.9

14-11				14-12				14-13			
W/%	t/℃	Δt/℃	EMC/%	W/%	t/℃	Δt/℃	EMC/%	W/%	t/℃	Δt/℃	EMC/%
35 以上	60	4	13.8	35 以上	60	3	15.3	30 以上	60	4	13.8
35～30	64	6	12.3	35～30	65	5	12.3	30～25	66	6	11.3
30～25	68	8	9.6	30～25	68	7	10.4	25～20	70	9	9.0
25～20	72	10	8.4	25～20	70	9	9.0	20～15	73	12	6.4
20～15	74	13	7.0	20～15	74	13	7.0	15 以下	80	20	4.9
15 以下	80	20	4.9	15 以下	80	20	4.9				

15-1				15-2				15-3			
$W/\%$	$t/℃$	$\Delta t/℃$	EMC/%	$W/\%$	$t/℃$	$\Delta t/℃$	EMC/%	$W/\%$	$t/℃$	$\Delta t/℃$	EMC/%
40 以上	55	3	15.6	40 以上	55	4	14.0	40 以上	55	6	11.5
40～30	57	4	14.0	40～30	57	5	12.6	40～30	57	7	10.7
30～25	60	6	11.4	30～25	60	8	9.8	30～25	60	9	9.3
25～20	65	10	8.5	25～20	65	12	7.5	25～20	65	12	7.7
20～15	70	15	6.3	20～15	70	15	6.4	20～15	70	15	6.4
15 以下	80	20	4.9	15 以下	80	20	4.9	15 以下	80	20	4.9

15-4				15-5				15-6			
$W/\%$	$t/℃$	$\Delta t/℃$	EMC/%	$W/\%$	$t/℃$	$\Delta t/℃$	EMC/%	$W/\%$	$t/℃$	$\Delta t/℃$	EMC/%
35 以上	55	5	12.7	35 以上	55	4	14.0	30 以上	55	4	14.0
35～30	60	7	10.6	35～30	60	6	11.4	30～25	62	6	11.4
30～25	65	9	9.1	30～25	65	8	9.7	25～20	66	9	9.1
25～20	68	11	8.0	25～20	69	10	8.5	20～15	72	12	7.4
20～15	73	14	6.6	20～15	73	13	7.0	15 以下	80	20	4.9
15 以下	80	20	4.9	15 以下	80	20	4.9				

15-7				15-8				15-9			
$W/\%$	$t/℃$	$\Delta t/℃$	EMC/%	$W/\%$	$t/℃$	$\Delta t/℃$	EMC/%	$W/\%$	$t/℃$	$\Delta t/℃$	EMC/%
30 以上	55	3	15.6	30 以上	55	3	15.6	30 以上	55	3	15.6
30～25	62	5	12.4	30～25	62	5	12.4	30～25	62	5	12.4
25～20	66	7	10.5	25～20	66	7	10.5	25～20	66	8	9.7
20～15	72	11	7.9	20～15	72	12	7.4	20～15	72	12	7.4
15 以下	80	20	4.9	15 以下	80	20	4.9	15 以下	80	20	4.9

15-10				16-1				16-2			
$W/\%$	$t/℃$	$\Delta t/℃$	EMC/%	$W/\%$	$t/℃$	$\Delta t/℃$	EMC/%	$W/\%$	$t/℃$	$\Delta t/℃$	EMC/%
35 以上	55	6	11.5	35 以上	50	4	14.1	40 以上	50	4	14.1
35～30	65	8	9.7	35～30	60	6	11.4	40～30	52	5	12.7
30～25	68	11	8.0	30～25	65	8	9.7	30～25	55	7	10.7
25～20	72	14	6.6	25～20	69	10	8.5	25～20	60	10	8.7
20～15	75	17	5.7	20～15	73	13	7.0	20～15	65	15	6.4
15 以下	80	25	3.9	15 以下	80	20	4.9	15 以下	70	20	4.9

16-3				16-4				16-5			
$W/\%$	$t/℃$	$\Delta t/℃$	EMC/%	$W/\%$	$t/℃$	$\Delta t/℃$	EMC/%	$W/\%$	$t/℃$	$\Delta t/℃$	EMC/%
40 以上	50	5	12.7	40 以上	50	3	15.8	30 以上	50	4	14.1
40~30	52	6	11.5	40~30	52	4	14.1	30~25	56	6	11.5
30~25	55	9	9.3	30~25	55	6	11.5	25~20	60	9	9.2
25~20	60	12	7.7	25~20	60	10	8.7	20~15	66	12	7.5
20~15	65	15	6.4	20~15	65	15	6.4	15 以下	75	20	4.9
15 以下	75	20	4.9	15 以下	75	20	4.9				

16-6				16-7				16-8			
$W/\%$	$t/℃$	$\Delta t/℃$	EMC/%	$W/\%$	$t/℃$	$\Delta t/℃$	EMC/%	$W/\%$	$t/℃$	$\Delta t/℃$	EMC/%
30 以上	50	3	15.8	30 以上	50	3	15.8	30 以上	50	3	15.8
30~25	56	5	12.7	25~20	56	5	12.7	30~25	56	5	12.7
25~20	61	8	9.8	20~15	61	8	9.8	25~20	60	8	9.8
20~15	66	11	8.0	15 以下	66	11	8.0	20~15	64	11	8.0
15 以下	75	20	4.9	15 以下	75	20	4.9	15 以下	70	20	4.9

16-9				17-1				17-2			
$W/\%$	$t/℃$	$\Delta t/℃$	EMC/%	$W/\%$	$t/℃$	$\Delta t/℃$	EMC/%	$W/\%$	$t/℃$	$\Delta t/℃$	EMC/%
30 以上	50	4	14.1	30 以上	45	3	15.9	40 以上	45	3	15.9
30~25	55	6	11.5	30~25	53	5	12.7	40~30	47	4	12.6
25~20	60	9	9.2	25~20	58	8	9.8	30~25	50	6	10.7
20~15	64	12	7.5	20~15	64	11	8.0	25~20	55	10	8.7
15 以下	70	20	4.9	15 以下	75	20	4.9	20~15	60	15	6.4
								15 以下	70	20	4.9

17-3				17-4				17-5			
$W/\%$	$t/℃$	$\Delta t/℃$	EMC/%	$W/\%$	$t/℃$	$\Delta t/℃$	EMC/%	$W/\%$	$t/℃$	$\Delta t/℃$	EMC/%
40 以上	45	4	14.2	40 以上	45	7	10.6	40 以上	45	2	18.2
40~30	47	6	11.4	40~30	47	9	9.1	40~30	47	3	15.9
30~25	50	8	9.8	30~25	50	13	7.0	30~25	50	5	12.7
25~20	55	12	7.6	25~20	55	18	5.2	25~20	55	9	9.3
20~15	60	15	6.4	20~15	60	24	3.7	20~15	60	15	6.4
15 以下	70	20	4.9	15 以下	70	30	2.7	15 以下	70	20	4.9

	18-1				18-2				18-3		
W/%	t/℃	Δt/℃	EMC/%	W/%	t/℃	Δt/℃	EMC/%	W/%	t/℃	Δt/℃	EMC/%
40 以上	40	2	18.1	40 以上	40	3	16.0	40 以上	40	4	14.0
40~30	42	3	16.0	40~30	42	4	14.0	40~30	42	6	11.2
30~25	45	5	12.6	30~25	45	6	11.4	30~25	45	8	9.7
25~20	50	8	9.8	25~20	50	9	9.2	25~20	50	10	8.6
20~15	55	12	7.6	20~15	55	12	7.6	20~15	55	12	7.6
15~12	60	15	6.4	15~12	60	15	6.4	15~12	60	15	6.4
12 以下	70	20	4.9	12 以下	70	20	4.9	12 以下	70	20	4.9

	19-1				20-1		
W/%	t/℃	Δt/℃	EMC/%	W/%	t/℃	Δt/℃	EMC/%
40 以上	40	2	18.1	60 以上	35	6	11.0
40~30	42	3	16.0	60~40	35	8	9.2
30~25	45	5	12.6	40~20	35	10	7.2
25~20	50	8	9.8	20~25	40	15	5.3
20~15	55	12	7.6	15 以下	50	20	2.5
15~12	60	15	6.4				
12 以下	70	20	4.9				

注:W 为木材含水率;t 为干球温度;Δt 为干湿球温度差;EMC 为木材平衡含水率。

采用该系列基准时应注意以下问题。

① 若锯材的厚度不是选用表中规定的厚度,可采用相近厚度的基准,例如当材厚为 20mm 时,如对干燥质量要求较高时,可用材厚 25mm 的基准,若干燥质量要求不太高,可用材厚 15mm 的基准。锯材较薄的,干燥基准较硬;锯材较厚的,干燥基准较软。如被干锯材不是选用表中的树种,可初选材性相近的树种且偏软的基准试用,再根据试用的结果进行修正,或另行制订。判别基准的软、硬程度,可比较相同含水率阶段的平衡含水率和温度水平,平衡含水率高者和温度低下,干燥较缓慢,便是相对较软的基准,反之,便是相对较硬的基准。

② 对于风速 1m/s 以下的强制循环干燥室及自然循环干燥室,采用该系列基准时,干湿球温度差均应增加 1℃。

③ 干燥半干材时,可在相应含水率阶段的干球温度的基础上,进行充分的预热处理后,再缓慢地过渡到相应含水率的干燥阶段。过渡阶段的介质状态可取相应含水率阶段的干球温度,和比相应含水率高 1 阶段的干湿球温差。过渡时间不小于 12~24h,锯材较厚的,过渡时间应长一些。

④ 没有喷蒸设备的干燥室，应适当降低干球温度，以保证规定的干湿球温度差。

⑤ 表列基准参数均以材堆进风侧的介质状态参数为准。若干、湿球温度计不是装在材堆进风侧，干燥基准必须根据具体情况进行修正。介质进出材堆的温度差一般为 2～8℃，干湿球温度差将会降低 1～4℃，与材堆宽度、气流速度大小和木材含水率高低等因素有关。若材堆较宽、气流速度较小，木材含水率较高，介质穿过材堆后的温度将有较大的下降，湿度将有较大的提高。

⑥ 由于木材干燥性能的复杂性和干燥设备的多样性，对干燥工艺都有影响。例如，同一树种中的不同"亚种"、不同产地甚至同一株树的不同部位，干燥特性都不尽相同；而不同的干燥室又会因温、湿度计安放的位置、材堆的宽度、气流的大小及其分布均匀度等的不同，使仪表检测的介质状态参数与材堆中的真实状态或多或少有些差异，有的甚至差别较大。因此，干燥基准不能生搬硬套。首次选用时，操作要多加小心，并注意总结经验加以修正。

(2) 前苏联（三段式）锯材干燥基准

本手册此部分资料来自于前苏联"中央木材机械加工科学研究所"编著的《木材室干技术指南》，该指南由前苏联木材干燥界知名学者集体编写。三段式锯材干燥基准介绍如下。

根据对木材干燥质量所提出的不同要求，可用不同温度等级的基准来干燥木材。干燥基准可分为低温干燥基准和高温干燥基准两种。低温干燥基准以湿空气作为干燥介质，分为软基准、标准基准和强化基准。高温干燥基准以温度高于 100℃ 的常压过热蒸汽作为干燥介质。在具体情况下选用哪个等级的基准，都应考虑到该基准对木材性质的影响。

软基准能确保锯材在干燥过程中不发生缺陷，并且完全保持木材的天然物理力学性质，其中包括木材的强度、颜色和所含树脂的状态；标准基准能确保锯材在干燥过程中不发生缺陷，基本保持木材的强度指标，但可能有不显著的颜色变化；强化基准能确保锯材在干燥过程中不发生缺陷，保持木材的静力弯曲强度、拉伸强度和压缩强度，但剪切强度和抗劈强度略有降低（不超过 20%），木材颜色可能变暗。高温基准能确保锯材在干燥过程中不产生缺陷，但静力弯曲强度、拉伸强度和压缩强度稍有变化，剪切强度和抗劈强度明显降低（可降低 35%），木材颜色变暗。

① 针叶树锯材低温干燥基准　在周期式干燥室内干燥针叶树锯材的低温干燥基准见表 4-10（松木、云杉、冷杉、雪松等锯材低温干燥基准）、表 4-11（落叶松锯材低温干燥基准）。表 4-10 中所列干燥基准分三类：软基准、标准基准、强化基准，分别用符号 R、B、Q 代表。表 4-11 所列干燥基准分两类：标准基准、强化基

准，分别用符号 B、Q 代表。干燥基准表中符号 t 表示干球温度（℃），Δt 表示干湿球温度差（℃），ϕ 表示相对湿度（%）、W_p 表示木材平衡含水率（%）。

表 4-10 松木、云杉、冷杉、雪松等锯材低温干燥基准

木材平均含水率/%	基准参数	编 号							
		1	2	3	4	5	6	7	8
		锯材厚度/mm							
		22 以下	22～25	25～32	32～40	40～50	50～60	60～75	75～100
软基准（R）									
>35	t/℃	57	57	57	55	55	55	52	52
	Δt/℃	6	5	4	4	4	4	3	2
	ϕ/%	73	77	81	81	81	81	84	90
	W_p/%	11.9	13.2	14.3	14.4	14.4	14.4	16.2	18.7
35～20	t/℃	61	61	61	58	58	58	55	55
	Δt/℃	10	9	8	7	7	7	6	5
	ϕ/%	59	62	66	69	69	69	72	76
	W_p/%	8.5	9.2	10.1	10.8	10.8	10.8	11.9	13.1
<20	t/℃	77	77	77	75	75	75	70	70
	Δt/℃	26	25	24	24	24	24	21	20
	ϕ/%	27	29	31	30	30	30	33	35
	W_p/%	3.2	3.4	3.5	3.6	3.6	3.6	4.1	4.4
标准基准（B）									
>35	t/℃	83	79	79	75	73	71	64	55
	Δt/℃	9	7	6	5	5	4	3	2
	ϕ/%	68	73	77	80	80	83	86	90
	W_p/%	8.9	10.6	11.6	12.8	12.9	14.0	16.0	18.7
35～20	t/℃	88	84	84	80	77	75	68	58
	Δt/℃	14	12	11	10	9	8	7	5
	ϕ/%	55	59	62	64	66	70	71	77
	W_p/%	6.2	7.1	7.7	8.3	9.1	10.0	10.8	13.1
<20	t/℃	110	105	105	100	96	944	85	75
	Δt/℃	36	33	32	30	28	27	24	22
	ϕ/%	24	26	27	29	31	32	33	34
	W_p/%	2.3	2.6	2.7	2.9	3.2	3.3	3.7	4.0

木材平均含水率/%	基准参数	编　号							
		1	2	3	4	5	6	7	8
		锯材厚度/mm							
		22以下	22~25	25~32	32~40	40~50	50~60	60~75	75~100
强化基准(Q)									
>35	t/℃	94	92	92	90	87	83	73	—
	Δt/℃	11	10	8	7	6	5	4	—
	ϕ/%	65	67	73	75	78	80	84	—
	W_p/%	7.5	8.0	9.3	10.2	11.2	12.6	14.1	
35~20	t/℃	99	97	97	95	92	88	78	—
	Δt/℃	16	15	13	12	11	10	9	—
	ϕ/%	54	55	60	62	64	66	66	—
	W_p/%	5.3	5.8	6.4	7.0	7.6	8.1	9.0	
<20	t/℃	125	123	123	120	115	110	98	—
	Δt/℃	42	41	39	37	36	32	29	—
	ϕ/%	21	22	24	25	25	29	30	—
	W_p/%	1.8	1.9	2.0	2.1	2.2	2.6	3.0	

表 4-11　落叶松锯材低温干燥基准

木材平均含水率/%	基准参数	编号和符号						
		L_1	L_2	L_3	L_4	L_5	L_6	L_7
		锯材厚度/mm						
		22以下	22~25	25~32	32~40	40~50	50~60	60~75
标准基准(B)								
>35	t/℃	70	70	70	65	60	60	60
	Δt/℃	9	8	6	5	4	3	2
	ϕ/%	64	68	76	78	81	86	90
	W_p/%	9.2	10.1	11.8	12.9	14.2	16.1	18.4
35~20	t/℃	75	75	75	70	65	65	65
	Δt/℃	15	15	15	10	9	7	5
	ϕ/%	49	49	49	61	63	71	78
	W_p/%	6.0	6.0	6.0	8.5	9.3	10.9	12.9

木材平均含水率/%	基准参数	编号和符号						
		L_1	L_2	L_3	L_4	L_5	L_6	L_7
		锯材厚度/mm						
		22以下	22～25	25～32	32～40	40～50	50～60	60～75
标准基准（B）								
<20	$t/℃$	80	80	80	75	70	70	70
	$\Delta t/℃$	26	25	25	20	19	18	15
	$\phi/\%$	28	30	30	38	37	39	47
	$W_p/\%$	3.3	3.4	3.4	4.4	4.7	4.9	6.0
强化基准（Q）								
>35	$t/℃$	90	90	82	75	75	72	70
	$\Delta t/℃$	9	7	4	4	3	2	2
	$\phi/\%$	69	75	84	84	87	92	90
	$W_p/\%$	8.7	10.2	13.8	14.1	15.0	17.8	17.9
35～20	$t/℃$	98	96	87	80	80	78	76
	$\Delta t/℃$	12	11	8	8	6	5	4
	$\phi/\%$	63	65	72	70	77	80	84
	$W_p/\%$	6.9	7.4	9.6	9.8	11.6	12.8	13.4
<20	$t/℃$	112	110	108	100	100	95	90
	$\Delta t/℃$	32	30	29	28	26	20	18
	$\phi/\%$	30	32	32	32	35	44	47
	$W_p/\%$	2.6	2.9	2.9	3.0	3.4	4.4	4.9

基准表中给出了随木材含水率而变化的三段式干燥介质参数，从一个阶段过渡到另一个阶段的含水率，称为过渡含水率。针叶树材规定过渡含水率为35%和25%。

当初始含水率低于35%时，不使用第一阶段的基准，当干燥到运输含水率时不使用第三阶段的基准。从一个阶段过渡到另一阶段的时间，应根据木材的实际含水率来确定。当木材达到指定的平均含水率时，干燥过程就可以终止。

表4-10、表4-11所列的干燥基准，适用于干燥介质循环速度1～2.5m/s的干燥室。当循环速度小于1m/s时，基准第一和第二阶段的干湿球温度差应增加1℃；当速度大于2.5m/s时，则应减小1℃。

② 阔叶树锯材低温干燥基准 表4-12为阔叶树锯材低温干燥基准选用表，表4-13为阔叶树锯材低温干燥基准表。锯材干燥基准的选用过程为，首先从表

4-12 中查找某树种和规格对应的基准号，之后再根据基准号查表 4-13 中的锯材干燥基准，即可获得该树种和规格锯材的干燥基准。

在表 4-13 中，以木材过渡含水率 30％和 20％为界，干燥有三个梯级的变化参数。如果锯材的初始含水率低于 30％，过程从第二阶段的参数开始，如果终含水率高于 20％，过程在第二阶段的参数下结束。

当初含水率大于 60％的锯材要干燥到使用含水率时，容许缩短过程的干燥周期，把第一阶段的过渡含水率提高到 35％，第二阶段的过渡含水率提高到 25％，但必须事先做预试验，证明在此种条件下能保持木材的干燥质量。当最初含水率高于 50％的锯材在低速循环干燥室干燥时，选用表 4-13 中下一个干燥基准，如用 3-C 代 3-B。

表 4-12　阔叶树锯材低温干燥基准选用表

树　种	基准种类	锯材厚度/mm							
		22 以下	22～32	32～40	40～50	50～60	60～70	70～75	75～100
桦木、赤杨	R	6-E	6-D	6-C	6-C	7-C	8-C	—	—
	B	3-E	4-D	4-C	5-C	6-B	7-B	8-B	9-B
	Q	2-E	3-D	3-C	4-C	—	—	—	—
山杨、椴木、白杨	B	3-D	3-B	4-B	5-C	6-C	7-C	8-C	9-C
	Q	2-D	2-B	3-B	4-C	—	—	—	—
水青冈、槭木	B	3-C	4-C	5-C	5-B	6-B	7-A	8-B	—
	Q	2-D	3-C	4-C	—	—	—	—	—
栎木、榆木	B	5-D	6-C	7-B	8-B	9-B	10-B	—	—
	Q	3-D	4-C	5-C	—	—	—	—	—
胡桃、白蜡树、千金榆	B	5-C	5-B	6-D	6-B	7-C	8-C	9-C	—
	Q	6-C	6-A	7-B	8-C	8-B	9-C	10-C	—

③ 高温干燥基准　高温干燥通常是以温度高于 100℃的常压过热蒸汽作为干燥介质，尽管高温干燥周期短，但对部分材性有影响，仅适用于绝大部分的针叶材或软质的阔叶材。如表 4-14 所列为锯材高温干燥推荐基准选用表，表 4-15 为锯材高温干燥基准表，对具体树种和尺寸的锯材，其所采用的干燥基准用 Ⅰ～Ⅶ表示。使用时首先从表 4-14 中查找某树种和规格对应的基准号，之后再根据基准号查表 4-15 锯材高温干燥基准，即可获得该树种和规格锯材的高温（过热蒸汽）干燥基准。

表 4-13 阔叶树锯材低温干燥基准

基准编号和干燥介质参数

基准编号	木材平均含水率/%	2				3				4				5				6				7				8				9				10			
		t/℃	Δt/℃	φ/%	Wp/%	t/℃	Δt/℃	φ/%	Wp/%	t/℃	Δt/℃	φ/%	Wp/%	t/℃	Δt/℃	φ/%	Wp/%	t/℃	Δt/℃	φ/%	Wp/%	t/℃	Δt/℃	φ/%	Wp/%	t/℃	Δt/℃	φ/%	Wp/%	t/℃	Δt/℃	φ/%	Wp/%	t/℃	Δt/℃	φ/%	Wp/%
A	>30	82	3	88	14.9	75	3	87	15.4	69	3	87	15.7	63	2	91	18.4	57	2	90	18.8	52	2	90	18.9	47	2	90	19.2	42	2	89	19.4	38	2	88	19.3
	30~20	87	6	78	11.3	80	6	77	11.6	73	6	76	11.8	67	5	78	13.0	61	5	78	13.0	55	4	81	14.2	50	5	75	12.9	45	4	79	14.4	41	4	77	14.2
	<20	108	27	35	3.2	100	26	35	3.4	91	24	36	3.7	83	22	36	4.0	77	21	36	4.2	70	20	35	4.4	62	18	36	4.9	57	17	36	5.1	52	16	36	5.3
B	>30	82	4	84	13.8	75	4	84	14.0	69	4	83	14.2	63	3	86	16.0	57	3	85	16.1	52	3	84	16.5	47	3	84	16.5	42	3	83	16.5	38	3	82	16.5
	30~20	87	8	72	9.6	80	8	70	9.8	73	7	72	10.8	67	6	75	11.8	61	6	74	11.9	55	5	76	13.0	50	6	70	11.9	45	5	74	12.9	41	5	72	12.9
	<20	108	29	32	2.8	100	28	32	3.0	91	25	34	3.6	83	23	34	3.8	77	22	34	4.0	70	21	33	4.1	62	19	33	4.0	57	18	34	4.7	52	17	33	4.8
C	>30	82	6	77	11.4	75	5	80	12.8	69	5	79	12.8	63	4	82	13.0	57	4	81	14.2	52	4	80	14.4	47	4	79	14.4	42	4	77	14.4	38	4	76	14.4
	30~20	87	10	66	8.1	80	9	66	9.1	73	8	69	9.1	67	7	71	9.9	61	7	77	10.9	55	7	68	10.7	50	7	66	10.7	45	6	69	10.7	41	6	67	11.7
	<20	108	31	30	2.8	100	29	31	2.9	91	26	—	3.0	83	24	34	3.4	77	23	—	3.6	70	22	31	4.0	62	19	29	3.8	57	20	29	4.0	52	18	30	4.5
D	>30	82	8	68	8.4	75	8	69	9.1	69	7	69	10.7	63	5	63	10.0	57	5	62	13.1	52	5	75	13.0	47	7	66	10.7	42	6	69	11.9	—	—	—	—
	30~20	87	12	60	7.1	80	11	61	7.8	73	10	63	7.8	67	9	64	8.5	61	9	62	9.3	55	8	62	9.2	50	7	66	9.2	45	7	67	10.7	—	—	—	—
	<20	108	33	27	2.6	100	31	28	2.9	91	28	30	2.9	83	26	30	3.1	77	25	29	3.3	70	23	29	3.9	62	21	29	3.9	57	20	29	3.8	—	—	—	—
E	>30	82	10	65	7.4	75	13	55	6.8	69	12	56	6.8	63	7	58	7.8	57	6	59	8.0	52	6	71	11.9	—	—	—	—	—	—	—	—	—	—	—	—
	30~20	87	14	55	6.2	80	13	55	6.8	73	12	56	6.8	67	11	64	7.4	61	10	59	8.0	55	9	60	9.2	—	—	—	—	—	—	—	—	—	—	—	—
	<20	108	35	24	2.4	100	33	25	2.8	91	30	26	2.8	83	27	28	2.8	77	26	27	3.2	70	24	27	3.8	—	—	—	—	—	—	—	—	—	—	—	—

表 4-14　锯材高温干燥基准选用表

树　种	锯材厚度/mm				
	22 以下	22～32	32～40	40～50	50～60
松树、冷杉、雪松、云杉	I	II	III	V	VI
桦木、杨木	II	III	IV	VI	
落叶松	IV	V	VI	VII	

表 4-15　锯材高温干燥基准

基准编号	干燥介质参数					
	第一阶段($W>20\%$)			第一阶段($W<20\%$)		
	$t/℃$	$\Delta t/℃$	$\phi/\%$	$t/℃$	$\Delta t/℃$	$\phi/\%$
I	130	30	35	130	30	35
II	120	20	50	130	30	35
III	115	15	58	125	25	42
IV	112	12	65	120	20	50
V	110	10	69	118	18	53
VI	108	8	75	115	15	58
VII	106	6	81	112	12	65

高温干燥基准分两个阶段规定干燥介质参数，当木材达到过渡含水率 $W=20\%$ 时，从基准的第一阶段过渡到第二阶段，对于初含水率大于 60% 的锯材，为了缩短干燥周期，容许把过渡含水率提高到 25%，但必须事先做预试验，证明在此种条件下能保持木材的干燥质量。

高温干燥基准的湿球温度 t_w 规定为 $100℃$，允许降到 $98℃$，但应相应降低干球温度，保持基准规定的干湿球温度差。干燥介质的循环速度不应小于 $2m/s$。

（3）连续式干燥室锯材干燥基准　本手册此部分资料来自于前苏联"中央木材机械加工科学研究所"编著的《木材室干技术指南》。按照工作原则和干燥介质的循环特性，连续式干燥室可分为分区横向循环干燥室和逆向循环干燥室（例如：竹材连续式干燥室）。

对于独立分区或可独立调节干燥介质参数的横向循环干燥室，推荐采用周期式干燥的基准即可。

在逆向循环干燥室中，干燥介质状态的准备只在进卸料端之前进行，即根据卸料端干燥介质的状态来控制及调节干燥基准参数。干燥介质的状态，沿干燥室长度不进行中间调节，只靠材料水分的蒸发而变化。湿球温度保持接近常数。在这里不适用周期式干燥室的基准，其特点是干燥室的卸料端和进料端，干燥介质对给定材料具有稳定的状态。

将软针叶树材干燥到运输含水率和使用含水率的基准如表 4-16 所列。在表 4-16 中可直接选择松木、雪松和冷杉锯材的干燥基准。云杉锯材的干燥基准按最接近的较薄的厚度组确定。软阔叶树材的干燥基准按最接近的较厚的厚度组确定。

表 4-16 松树、冷杉、雪松的干燥基准

基准编号及符号	木材平均终含水率/%	锯材厚度/mm	干端干燥介质状态			初含水率时的湿端最大温度差 Δt_2/℃	
			t_1/℃	Δt_1/℃	ϕ/%	>50%	<50%
软基准（R）							
1-R	18～22	22 以下	55	15	40	4	6
2-R	18～22	22～25	55	14	44	4	5
3-R	18～22	25～32	55	12	50	3	5
4-R	18～22	32～40	55	11	53	3	4
5-R	18～22	40～50	55	10	57	3	4
6-R	18～22	50～60	55	9	60	2	3
7-R	18～22	60～75	55	8	64	2	3
8-R	10～12	22 以下	58	19	31	4	6
9-R	10～12	22～25	58	17	36	4	5
10-R	10～12	25～32	58	15	42	3	5
11-R	10～12	32～40	58	13	48	3	4
12-R	10～12	40～50	58	12	51	3	4
13-R	10～12	50～60	58	11	54	2	3
14-R	10～12	60～75	58	10	58	2	2
标准基准（B）							
1-B	18～22	22 以下	94	25	35	7	9
2-B	18～22	22～25	92	23	38	6	9
3-B	18～22	25～32	89	20	43	5	8
4-B	18～22	32～40	87	18	46	5	8
5-B	18～22	40～50	85	16	50	5	8
6-B	18～22	50～60	83	14	54	4	7
7-B	18～22	60～75	80	11	61	4	6
8-B	10～12	22 以下	102	33	25	7	9
9-B	10～12	22～25	100	31	28	6	9

基准编号及符号	木材平均终含水率/%	锯材厚度/mm	干端干燥介质状态			初含水率时的湿端最大温度差 Δt₂/℃	
			t_1/℃	Δt_1/℃	ϕ/%	>50%	<50%
标准基准（B）							
10-B	10~12	25~32	97	28	31	5	8
11-B	10~12	32~40	94	25	35	5	8
12-B	10~12	40~50	91	22	39	5	8
13-B	10~12	50~60	87	18	46	4	7
14-B	10~12	60~75	84	15	51	4	6
强化基准（Q）							
1-Q	10~12	22 以下	112	35	26	7	10
2-Q	10~12	22~25	110	33	28	6	10
3-Q	10~12	25~32	107	30	31	5	9
4-Q	10~12	32~40	104	27	34	5	8
5-Q	10~12	40~50	101	24	38	5	8
6-Q	10~12	50~60	98	21	43	4	7
7-Q	10~12	60~75	95	18	48	4	7

　　根据锯材的用途干燥到不同的含水率，需采用不同的基准：干燥到运输含水率时，通常用标准基准；而要求保持木材天然颜色时，则要用软基准；干燥到使用含水率时，通常用标准基准；而对木材强度提出特殊要求时要用软基准；在允许降低木材强度的情况下可用强化基准。

　　落叶松木材干燥到运输含水率的基准如表 4-17 所列。用符号 L（落叶松）和表示厚度组别的编号，以及表示基准等级的大写字母（R、B、Q）组成具体的干燥基准代号。例如，L4-B 表示厚度为 40mm 的落叶松锯材的标准干燥基准。

表 4-17　落叶松木材干燥基准

基准编号及符号	木材平均终含水率/%	锯材厚度/mm	干端干燥介质状态			湿端最大温差 Δt₂/℃
			t_1/℃	Δt_1/℃	ϕ/%	
软基准（R）						
L1-R	18~22	22~以下	55	15	40	1
L2-R	18~22	22~25	55	14	44	1
L3-R	18~22	25~32	55	12	50	1
L4-R	18~22	32~40	55	11	53	1
L5-R	18~22	40~50	55	10	57	1

基准编号 及符号	木材平均终 含水率/%	锯材厚度/mm	干端干燥介质状态			湿端最大 温差 Δt_2/℃
			t_1/℃	Δt_1/℃	ϕ/%	
软基准（R）						
L6-R	18～22	50～60	55	9	60	1
L7-R	18～22	60～75	55	8	64	1
标准基准（B）						
L1-B	18～22	22 以下	85	23	35	1
L2-B	18～22	22～25	85	20	41	1
L3-B	18～22	25～32	85	17	47	1
L4-B	18～22	32～40	85	15	52	1
L5-B	18～22	40～50	85	13	57	1
L6-B	18～22	50～60	85	11	63	1
L7-B	18～22	60～75	85	9	69	1
强化基准（Q）						
L1-Q	10～12	22 以下	105	20	46	1
L2-Q	10～12	22～25	105	18	50	1
L3-Q	10～12	25～32	105	16	55	1
L4-Q	10～12	32～40	105	14	60	1
L5-Q	10～12	40～50	105	12	64	1
L6-Q	10～12	50～60	105	11	67	1
L7-Q	10～12	60～75	105	10	69	1

在连续式干燥室内，为确保木材干燥质量及效率，同一时间只准许干燥相同树种、厚度，以及相同初、终含水率组的锯材。当干燥室转为干燥另一种特性的锯材，或是同一时间里干燥两种不同特性的锯材时，要转用干湿球温差规定得较低的一种基准进行干燥。

4.3　干燥过程的实施

将锯材按堆积规则正确码垛，并制订或选定好干燥基准之后，便进入到了干燥过程的实施阶段。干燥过程实施的实质就是对干燥基准的运行。通常情况下，在干燥基准运行前需制作相应的检验板，以便准确掌握干燥开始阶段及干燥过程中锯材的含水率变化，干燥应力的发生、发展情况，为及时调整干燥介质参数及调湿处理工艺提供参考，进而确保木材的干燥质量及干燥效率。

4.3.1　检验板的选制及使用

在实际生产中，可采用设置检验板的方式了解和掌握干燥过程中锯材的干燥质量和含水率下降情况，并通过测定检验板的含水率和应力的变化情况来调控干燥介质状态参数，实施干燥作业。检验板有两种：一是含水率检验板，用于检验干燥过程中木材含水率的变化；二是应力检验板，用于检验干燥过程中木材应力的状态。

在干燥过程中，应该按时测定检验板的含水率下降情况，以此作为按干燥基准调节干燥介质温度、湿度的依据；同时还要按时（每一阶段）测定检验板的内应力变化情况，以此来确定板材是否需要进行喷蒸汽处理（前期处理、中间处理和平衡处理），并确定其处理时间的长短。

需要说明的是在干燥初期，如果木材的初含水率较高，由于电测法的局限性，其测定出的含水率数值并不能反映出锯材含水率变化的真实情况，此时需要以含水率检验板测定的含水率数值，作为干燥基准实施的主要依据。当锯材的含水率降至纤维饱和点以下时，电测法测定锯材含水率数值的准确性提高，可采用以电测法和重量法相结合的方式，确定干燥过程中锯材含水率的下降情况。

4.3.1.1　检验板的选制

在实施干燥基准特别是含水率基准的操作过程中，往往选择 3～9 块检验板。检验板及试验片从同一批锯材中结构、密度和含水率有代表性的锯材上制取，检验板的长度不小于 1m。检验板和试验片的截取可依据国家标准《锯材干燥质量》（GB 6491—2012）规定的方法进行。

如图 4-15 所示为干燥前检验板制作的示意图。先把锯材的一端截去 300～500mm，然后按图 4-15 分别截取。图中 2 号为含水率检验板，其作用是检查木材干燥过程中含水率的变化，进而调整干燥室内的介质状态（t、ϕ）；图中 5 号为应力检验板，其作用是检查木材干燥过程中各个阶段内应力的变化，判断何时进行调湿处理及其处理的持续时间。

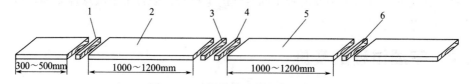

图 4-15　干燥前检验板制作示意图

1，3—含水率检验片（10～15mm）；2—含水率检验板（1.0～1.2m）；
4—分层含水率检验片（20～25mm）；5—应力检验板（1.0～1.2m）；
6—应力检验片（10～15mm）

检验板在材堆中的放置位置如图 4-16 所示。对于材种规格、干燥设备及干燥工艺等条件基本固定并掌握了干燥规律等情况时，采用 5 块含水率试验板 ［图

4-16（a）]；对于新的材种规格、新建干燥设备、探索新的工艺、检查对比或科研试验等情况时，采用 9 块含水率试验板 [图 4-16（b）]。

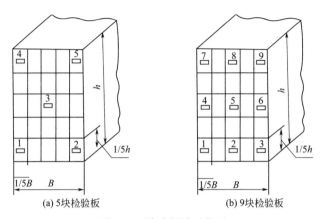

(a) 5块检验板   (b) 9块检验板

图 4-16　检验板放置位置
B—材堆宽度；h—材堆高度

检验板经干燥后，按图 4-17 所示方法锯制室干终了检验时，最终含水率试验片、分层含水率试验片以及应力试验片。

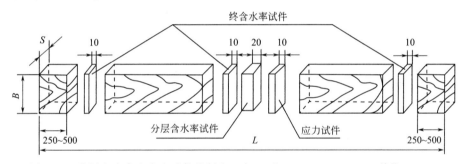

图 4-17　分层含水率和应力试件的制取（自 GB/T6491—2012）　（单位：mm）

4.3.1.2　检验板的使用

（1）含水率检验板（2 号）的使用　含水率检验板是用来观察、测定干燥过程中木材含水率变化情况的。由于它的长度比被干材短，为使检验板尽量接近所代表的木材的实际情况，生产上把检验板的两个端头清除干净后，涂以耐温不透水的涂料，防止从锯材端头蒸发水分。

经过这样处理后的检验板，用天平或普通台秤称出其最初质量 $G_初$，然后放在材堆中预先留好的位置上，使含水率检验板与被干木材经受同样的干燥条件，这样干燥过程中整室木材含水率的变化情况就可以通过测定含水率检验板的含水率变化情况来确定。

在整个干燥过程中必须保证含水率检验板的完整性，从理论上讲，检验板应放在易于取放的位置；用于检测含水率的检验板最好放置在干燥室材堆中水分蒸发最慢的部位，以确保被干锯材终含水率均达到要求。

① 锯材初含水率的确定　使用含水率检验板时，首先要确定检验板的初含水率。具体方法是，将两块 $10\sim15$mm 厚的含水率试验片（图 4-15 中 1 号、3 号）锯制好后，迅速将试片上的毛刺、碎屑清除干净，并立即用精度为 0.01g 的天平称重，准确至 0.01g，得出试验片的初始质量并记录，用 $g_{初}$ 代表；然后把试验片放在恒温烘箱中烘干，烘箱温度控制在（103 ± 2）℃，在烘干过程中，第一次 6h，以后每 2h 称量试验片质量的变化，至最后两次质量相等或二者之差不超过 0.02g 时，试验片即认为达到绝干；再迅速、准确地称出绝干质量并记录，用 $g_{干}$ 代表。试验片的含水率用 $MC_{初}$ 表示，以百分比计，准确至 0.1%。根据公式（4-2）计算出被干锯材的初含水率：

$$MC_{初}=\frac{g_{初}-g_{干}}{g_{干}}\times100\%\qquad(4\text{-}2)$$

为了更正确地反映检验板的最初含水率情况，一般取两块试验片（图 4-15 中 1 号、3 号）的含水率平均值，作为锯材初含水率的数值。

② 当时含水率的确定　根据检验板已知的 $MC_{初}$——试验片的平均含水率，$G_{初}$——检验板的最初质量，按公式（4-3）可以算出检验板的绝干质量，用 $G_{干}$ 代表。

$$G_{干}=100\times G_{初}/(100+MC_{初})\qquad(4\text{-}3)$$

推算出检验板绝干质量的目的，是为了计算干燥过程中任何时刻检验板的含水率。假设 $MC_{当}$ 为测定当时的检验板含水率，那么，当时含水率可用公式（4-4）计算：

$$MC_{当}=\frac{G_{当}-G_{干}}{G_{干}}\times100\%\qquad(4\text{-}4)$$

若要了解干燥过程中任何时刻被干木材的含水率情况，只需把含水率检验板从干燥室中取出，迅速、准确地称量其当时的质量（$G_{当}$），把 $G_{当}$ 的数值代入公式，就可计算出检验板当时的 $MC_{当}$。$MC_{当}$ 的数值可以认为大约代表被干木材当时的含水率。

【例 4-1】假设，1 号含水率试验片的最初湿重为 18g，在烘箱中烘成绝干质量为 10g；3 号含水率试验片的最初湿重为 21g，在烘箱中烘成全干质量为 12g。含水率检验板的初重为 10kg。请计算检验板的初含水率以及检验板全干时的质量。

解：1 号试验片的初含水率：$MC_{初}=\dfrac{g_{初}-g_{干}}{g_{干}}\times100\%=\dfrac{18-10}{10}\times100\%=80\%$

3 号试验片的初含水率：$MC_{初}=\dfrac{g_{初}-g_{干}}{g_{干}}\times100\%=\dfrac{21-12}{12}\times100\%=75\%$

把 1 号试验片的初含水率和 3 号试验片的初含水率取其平均值：

（80％＋75％）/2＝77.5％；

则检验板的平均初含水率为 77.5％。

根据公式（4-3）可以算出检验板的全干重 $G_干$：

$G_干 ＝ 100 × G_初 /(100 ＋ MC_初) ＝ 100 × 10/(100 ＋ 77.5) ＝ 5.63 (kg)$

【例 4-2】假设，检验板在干燥室内干燥了 3 昼夜，当时称出的质量为 9kg，请计算出检验板当时的含水率。

解：根据式（4-4）：

$$MC_当 ＝ \frac{G_当 － G_干}{G_干} × 100\% ＝ \frac{9 － 5.63}{5.63} × 100\% ＝ 59.86\%$$

这就是说，检验板（即被干锯材）在干燥室内干燥了 3 昼夜后，含水率由原来的 77.5％下降到 59.86％，值班操作工此时可以根据干燥基准进一步调节干燥介质的温度、湿度，并继续干燥下去，直至达到所要求的标准为止。

每班或每天定期通过对检验板的观察和称重，可以了解被干木材的干燥速度。以便调节和控制干燥介质的温度和湿度。这种方法简单、迅速，但在实际干燥作业时，还需注意以下两点：

第一，检验板的含水率代表该批量的被干木材含水率，不论在干燥前或干燥过程中，都会有点儿出入。

第二，因检验板比被干木材短，尽管两端头经过封闭处理，实际上还是比材堆内的木材干得快。同时在每次定期称量时，检验板暴露在大气之中，此时蒸发水分的速度比材堆内的木材要快，所以实际上检验板的含水率一般低于被干木材的含水率，特别是干燥到后期，误差明显。为调整误差，干燥到后期，可以从被干木材中锯切试验片，进行误差核对；或采用电测法与称重法相结合的方式，确定含水率的变化数值；也可以凭操作经验，妥善调节干燥基准。

（2）应力检验板（5 号）的使用　由于木材是各向异性体，弦向、径向和纵向不能同步收缩，发生内应力是难以完全避免的。为了了解木材在干燥过程中发生的内应力和沿木材厚度上的含水率落差情况，以作为决定进行中间处理和终了处理的依据，必须从应力检验板上锯制内应力检验片和分层含水率检验片。

如图 4-18 所示为干燥过程中应力检验板使用示意图。在干燥过程中应力检

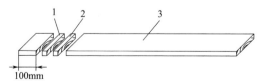

图 4-18　干燥过程中应力检验板使用示意图

1—应力检验片（10～15mm）；2—分层含水率检验片（20～25mm）；3—继续使用的应力检验板

验板允许锯割，应放在易于取放的位置，从理论上讲，应力检验板应放在水分蒸发最快的地方；在检查应力时，取出应力检验板，先锯去端头（锯去的端头长度随检验板长度而变化，一般为 10～20cm），然后锯取应力检验片，剩余的应力检验板，经封端处理后，迅速放回到干燥室内，待下次测量时继续使用。

① 叉齿应力检验片　采用小带锯或钢丝锯等将应力检验片锯成叉齿形，如图 4-19 所示。

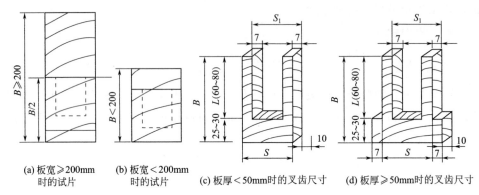

(a) 板宽≥200mm
时的试片　　(b) 板宽＜200mm
时的试片　　(c) 板厚＜50mm时的叉齿尺寸　　(d) 板厚≥50mm时的叉齿尺寸

图 4-19　叉齿应力检验片的锯制（自 GB/T 17661—1999）

当检验板宽度 $B \geq 200mm$ 时，以中线为基准线，若 $B < 200mm$，则以任何一边为基准线，截取试片长度 80～100mm。然后锯出两片叉齿。叉齿长 50～70mm，宽 7mm，齿口朝板心。若板厚（试片宽）大于 50mm，叉齿应距表面 7mm。

叉齿应力检验片锯制后，将叉齿应力检验片在 (103±2)℃ 的干燥箱内烘干 2～3h，或在室温通风处气干 24h 以上，使其含水率分布均衡。使叉齿内、外层的含水率分布均衡后，便可根据叉齿变形的程度测知其应力指标 Y。

残余应力指标即叉齿相对变形（Y）按式（4-5）计算。

$$Y(\%) = \frac{S - S_1}{2L} \qquad (4-5)$$

式中　S——叉齿未变形时两齿端外侧的距离，也即两齿根外侧的距离，mm；

S_1——叉齿变形后两齿端外侧距离，mm；

L——叉齿未变形时的外侧长度，mm。

取残余应力指标的算术平均值（$\overline{Y}$）为确定干燥质量的合格率的残余应力指标。

若 $\overline{Y} < 2\%$，说明干燥应力很小，可忽略不计。若 $\overline{Y} > 5\%$，应力较大，应进行调湿处理，将其消除。GB 6491—2012《锯材干燥质量》对不同等级的干燥锯材规定有干燥应力指标的允许范围。例如：在含水率及应力质量指标中，残余应力指标（叉齿相对变形 $\overline{Y}$），一级材不超过 2.5%，二级材不超过 3.5%。

在实际干燥工艺操作中，可以根据刚刚锯制的应力试验片的齿形变化是向内弯曲还是向外弯曲，来判断当时木材内的内应力性质；同时根据齿形弯曲的程度，来判断是否有使木材开裂的可能。木材内存在内应力的性质会使齿形发生如图 4-20 所表示的三种情况。

(a) 叉齿向外弯曲   (b) 叉齿向内弯曲   (c) 叉齿保持不变

图 4-20   叉齿应力检验片的形变

第一种情况：叉齿向外弯曲。这时在木材的外层存在拉伸应力，木材内层受外层作用，存在压缩应力。

第二种情况：叉齿向内弯曲。这时外层受到的是压缩应力，内层受到的是拉伸应力。

第三种情况：叉齿保持不变。说明木材内部不存在应力。

上述情况只是说明在锯解内应力试验片的当时，木材内应力的性质。为了继续观察干燥的情况（内应力的变化情况），通常把应力试验片放在空气中自然干燥，或者放在恒温烘箱中干燥。此时，由于内应力试验片中水分进一步蒸发和含水率趋于平衡。试验片的叉齿转向内弯曲。这说明：内应力试验片内层收缩大大超过外层；内应力试验片刚锯开时，内部含水率高于外部含水率，同时外层还存在拉伸塑化变形；进一步干燥后，试验片内层存在拉伸应力，外层存在压缩应力。

② 分层含水率检验片   分层含水率就是木材沿厚度方向上不同层次的含水率。分层含水率检验是应力检验的补充，锯材干燥过程中及时检查被干材分层含水率的分布情况，不论在干燥前或干燥过程中的工艺操作分析和干燥结束后干燥质量检查都是很需要的。当干燥较厚的难干材时，需要做分层含水率的检验。

干燥前，被干木材的分层含水率，可利用锯取含水率检验板时截取分层含水率试验片来测定。

干燥过程时，不能从含水率检验板上锯取分层含水率检验片。因为含水率检验板在称初重后，一直作为含水率下降的测定对象，故要保持它的完整性。分层含水率检验片，可以从被干材或者从内应力检验板上截取。

如图 4-21 所示为分层含水率检验片的制取示意图。先在被干材或者从应力检验板上截取顺纹厚度 20～25mm 的试片一片，然后在其两端用劈刀各劈去 1/5B（B 为检验板的宽度），取中段沿检验板厚度方向，等分成奇数层，并用铅笔画出记号，每片厚度 5~7mm。将各层试片按次序编号，然后用重量法测定各片含水率，便可掌握干燥过程中各阶段含水率梯度的变化情况，进而可分析干燥过程中木材含水率变化的规律及干燥工艺的合理与否。如上所述，制取分层含水率检验片时，要注意两点，一是"劈开"不是"锯开"；二是厚度方向一定是奇数层，即 3、5、7 层。

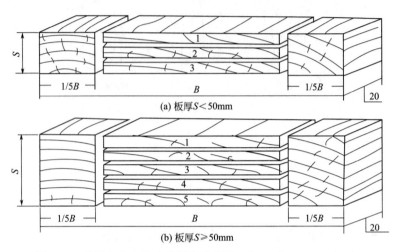

图 4-21　分层含水率检验片制取示意图（自 GB/T 17661—1999）

可以根据各层含水率数值，来确定锯材沿断面（即厚度）上的含水率落差（ΔMC），落差数值可按公式（4-6）计算：

$$\Delta MC = MC_中 - MC_表 \tag{4-6}$$

式中　　$MC_中$——中心层含水率；

　　　　$MC_表$——表层的含水率。

含水率落差越小，木材内水分分布越均匀，干燥质量也就越好。如果沿木材厚度的含水率的落差很大，干燥过程中必然会因此而产生很大的内应力。出现这种情况后，就必须对木材进行调湿处理，以降低锯材沿厚度上的含水率落差。干燥结束以后，沿厚度上的含水率落差越小，说明木材干燥的越均匀，在加工时变形的可能性也就越小。

此外利用分层含水率检验片，比较其切开当时及烘干后试片形状变化，也可以判断干燥应力的状态及大小。如果木材内部有干燥应力存在，试片切开时会立即变成弓形。变形的程度与应力大小、含水率梯度和表面硬化（即表层发生塑性变形）的程度等有关。因此，由试片变形的程度便可分析木材干燥应力的大小。为便于比较木材干燥应力的大小，可把切片变形的挠度 f 与切片原长度 L 比值的百分比定义为应力指数 Y，其数值采用公式（4-7）计算。应力切片的制作如图 4-22 所示。

$$Y = \frac{f}{L} \times 100\% \qquad (4\text{-}7)$$

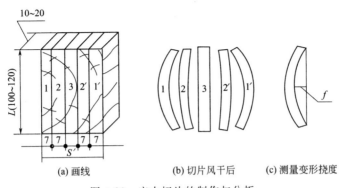

图 4-22　应力切片的制作与分析

残余应力是在消除试片的含水率梯度之后测得的。即应力试片切取后，在 $(103\pm2)℃$ 的干燥箱内烘干 $2\sim3h$，或在室温通风处气干 24h 以上，使其含水率分布均衡，然后再按上述方法测量其应力指数。这样测得的为残余干燥应力指数。应力切片分析法简单易行，可与分层含水率同时测量，沿木材厚度各层均可测量。

4.3.2　木材常规干燥过程

其主要环节是：干燥室的升温和木材预热处理、干燥阶段的适时中间调湿处理、终了平衡处理及调湿处理、"闷室"及冷却出室。

4.3.2.1　干燥室的升温和木材预热处理

材堆装入室后，首先须进行以下操作：①关闭进、排气道；②启动风机，对有多台风机的可逆循环干燥室，应逐台启动风机，不能数台风机同时启动，以免电路过载；③打开疏水阀旁通管的阀门，并缓慢打开加热器阀门，使加热系统缓慢升温同时排出管系内的空气、积水和锈污，待旁通管有大量蒸汽喷出时，再关闭旁通管阀门，打开疏水阀阀门，使疏水阀正常工作。

升温时先使室内空气升温至约 $35\sim45℃$（依基准温度高低而异），让室壁温暖起来；然后再开启喷蒸或喷水管，同时微开或关闭加热阀门，使室内空气的干、湿球温度同步升高至规定的预热处理温度。否则，待温度升高至规定值，再来升高湿球温度就迟了，会形成很大的干、湿球温差，而且很难缩小。

木材预热处理的目的：首先是使木材热透，以利于木材中的水分由内向外移动；其次可消除木材中可能有的初应力，可提高木材的可塑性，防止开裂和变形；再次是能溶解木材内部的某些物质，如树脂、单宁、酸类等，打通水分的通道，为后续的干燥创造有利条件。在预热处理过程中，木材表面的水分一般不蒸发，且允许有少量的吸湿。

参考 LY/T 1068—2012《锯材窑干工艺规程》的规定，预热阶段干燥介质状态如下：

预热温度：应略高于干燥基准开始阶段温度。硬阔叶树锯材可高 5℃，软阔叶树锯材及厚度 60mm 以上的针叶树锯材可高出 8℃，厚度 60mm 以下的针叶树锯材可高出 15℃。

预热湿度：新锯材，干湿球温度差为 0.5～1℃；经过气干的锯材，干湿球温度差以使干燥室内木材平衡含水率略大于气干时的木材平衡含水率为准。

预热时间：应以木材中心温度不低于规定的介质温度 3℃ 为准。也可按下列规定估算：针叶树锯材及软阔叶树锯材夏季材厚每 1cm 约 1h；冬季木材初始温度低于 −5℃ 时，增加 20%～30%。硬阔叶树锯材及落叶松，按上述时间增加 20%～30%。

预热结束后，应将介质温、湿度降到基准相应阶段的规定值，即进入干燥阶段。

实际操作中还需注意，湿材即使在饱和蒸汽或饱和湿空气中预热，表层也要蒸发水分，若预热温度较高，很容易引起木材表裂，此时需要降低预热温度或采用基准第 1 阶段的温度。如果没有特殊要求，也可以不预热。

4.3.2.2 中间调湿处理

预热处理结束后，停止喷蒸，关闭一些加热器，将介质温、湿度降到基准相应阶段的规定值，然后开始进入干燥阶段。在整个干燥过程中，不允许急剧地升高温度和降低相对湿度。干燥室内干燥介质的调节误差：温度不得超过 ±2℃；相对湿度不得超过 ±5%。温度提高和湿度降低的速度，根据被干木材的树种和厚度有所不同。下列数据可供参考。

温度上升速度：软杂木，3.5cm 以下 2℃/h，3.5cm 以上 1℃/h；硬杂木，3.5cm 以下 1.5℃/h，3.5cm 以上 1℃/h。

相对湿度下降速度：软杂木，3.5cm 以下每小时下降 3%，3.5cm 以上每小时下降 2%；硬杂木，3.5cm 以下每小时下降 2%，3.5cm 以上每小时下降 2%。

在干燥阶段，一个非常重要的操作就是对木材进行适时的中间调湿处理。生材干燥过程初期，因表层水分很容易蒸发，而芯层含水率很高，故木材横断面上含水率梯度很大，表层受的拉应力也很大。最大拉应力通常在干燥开始后的 1.5～3d 内出现。且湿材的强度较低，易开裂，因此，干燥初期宜采用较低的空气温度和较高的湿度。随着木材含水率的降低，分阶段地升高空气温度，降低湿度。

在木材干燥过程中，应根据木材干燥应力的大小及时对被干木材进行中间处理。中间处理的目的是为了消除木材断面的干燥应力和表面硬化,防止木材在干燥过程中产生内部开裂和变形等干燥缺陷。

中间处理的效果从应力试验片的齿形变化状况来判断,如图 4-23 所示。在未处理以前木材中存在较大的应力,经中间处理后,这种应力消除〔图 4-23(b)〕或减少〔图 4-23(c)〕,如果中间处理过度,则会出现图 4-23(d)的情况。如果处理时间不够,应力只有一部分消除,齿形的弯曲程度缓和了一些,仍应延长处理时间,直到应力完全消除。但是,切记不能处理过度,不然,使应力向相反方向发展,造成反应力,由于材质的固化,就难以矫正了。

 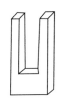  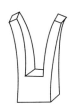

(a) 未处理前存在的应力　(b) 应力消除　(c) 应力减少　(d) 处理过度造成的反应力

图 4-23　中间处理前后应力试验片齿形的变化

中间调湿处理干燥介质的状态:

处理温度:要和木材当时的含水率适应。干球温度比当时干燥阶段的温度高 8~10℃,但干球温度最高不超过 100℃。

处理湿度:按室内木材平衡含水率比该阶段基准规定值高 5%~6% 确定,或近似地控制干、湿球温度差为 2~3℃。

处理时间:可参照 LY/T 1068—2012《锯材窑干工艺规程》的规定。也可近似地凭经验估计:针叶材和软阔叶材厚板,以及厚度不超过 50mm 厚的硬阔叶材,中间处理时间为每 1cm 厚度 1h 左右;厚度超过 60mm 的硬阔叶材和落叶松,每 1cm 厚度为 1.5~2h。

通常针叶材薄板可不进行中间处理。对硬阔叶材中间处理是必要的,因木材表层的最大拉应力出现很早(约在干燥周期的 1/8 时),故对硬阔叶材厚板须提早进行中间处理,可多次处理。中间处理次数过多也不好,不但增加了蒸汽消耗,而且板面颜色变暗无光泽,还会由于反复喷蒸处理,使板面过分塑化而僵硬。

关于中间处理的大致含水率节点,下列数据可供参考。

对于透气性好的针叶树材和软阔叶树材,如采用硬度适中的基准时,后期发生内裂的可能性不大。中间处理主要以防止表裂和改善干燥条件为主,只需在含水率减少 1/3~1/2 时处理 1 次即可。对于中等硬度的阔叶材中、厚板,处理 1~2 次,处理 2 次时,可分别在含水率降低 1/3 时和含水率降到 25% 附近进行。

对于硬阔叶材中、厚板，应处理 3 次或 3 次以上，可考虑在含水率为 45％、35％、25％、15％附近进行。

具体操作时应通过应力检验，在表面张应力达到最大值时，或当表面硬化较严重时（残余应力较大）进行中间处理。

4.3.2.3 平衡处理

平衡处理是自最干锯材含水率降至允许的终含水率最低值时开始，在最湿木材含水率降至允许的终含水率最高值时结束。平衡处理的目的是为了提高整个材堆的干燥均匀度和沿厚度上含水率分布的均匀度。

平衡处理时干燥介质状态：

处理温度：可以比基准最后阶段高 5～8℃，但干球温度最高不超过 100℃。对于硬阔叶树锯材中、厚板，处理温度最好不要超过基准最后阶段的温度。

处理湿度：按室内木材平衡含水率等于允许的终含水率最低值确定。平衡含水率比锯材终含水率可以低 2％。例如，当要求锯材干燥到终含水率 10％，那么，平衡处理的介质平衡含水率应为 8％。

处理时间：可参考 LY/T 1068—2012《锯材窑干工艺规程》的规定。也可凭经验，按每 1cm 厚度维持 2～6h 估计，并在室干结束后进行检验，以便总结和修正。

对于针叶材和软阔叶材薄板，或次要用途的锯材，可不进行平衡处理。

4.3.2.4 终了处理及冷却出室

当锯材干燥到终含水率时，要进行终了处理。终了处理的目的是消除木材横断面上含水率分布的不均匀，消除残余应力。要求干燥质量为一级、二级和三级的锯材，必须进行终了处理。

终了处理时干燥介质的状态：

处理温度：比干燥基准最后阶段的温度高 5～8℃，或保持平衡处理时的温度。

相对湿度：按室内木材平衡含水率高于终含水率规定值的 5％～6％确定。高温下相对湿度达不到要求时，可适当降低温度。

处理时间：可参考 LY/T 1068—2012《锯材窑干工艺规程》的规定。也可凭经验，针叶材每厘米厚约 1.5h；硬阔叶材每厘米厚约 4～6h（依处理温度的高低而异）。

国内大部分生产单位，干燥硬阔叶材的终了调湿处理时间都不足，木材的残余应力没完全消除，致使生产的木制品变形。

干燥过程结束以后，若时间许可"闷室"10～12h，即停止室内风机运转，关闭加热和喷蒸阀门，然后再逐渐冷却。特殊情况也可加速木材冷却卸出，即关闭加热器和喷蒸管的阀门后，让风机继续运转，进、排气口呈微启状态。待室内温度降到不高于大气温度30℃时方可出室。寒冷地区可在室内温度低于30℃时出室。

综上所述，为方便实际操作和对比，现将以上各阶段的干燥介质条件汇总，如表4-18所列。

表 4-18　干燥过程中各处理阶段干燥介质状态的比较

实施阶段	目的及作用	介质条件		
		t/℃	ϕ/%	τ/(h/cm)
预热处理	提高 $t_{木材}$，均匀热透；溶解内部物质；平衡干燥材间的 MC 差异；提高塑性，减少开裂和变形	$t_{基准一阶段}$ + 5 ～15℃	生材，Δt 为 0.5～1℃；气干材，EMC室内略大于气干时的	1～2；($t_{介质}$ 一 $t_{木芯}$≤3℃)
中间处理	表层吸湿，减少含水率梯度，使已经存在的应力趋于缓和	$t_{基准当时}$ + 8～10℃，但＜100℃	EMC基准 + 5%～6% 或近似 Δt 为 2～3℃	1～2
平衡处理	提高整个材堆的干燥均匀度和沿厚度上 MC 分布的均匀度	$t_{末期}$+5～8℃，但＜100℃；硬阔叶厚板，t≤$t_{末期}$	EMC室内 为允许的 $MC_{终}$ 最低值。	2～6
终了处理	消除木材横断面上含水率分布不均匀，消除残余应力	$t_{末期}$+5～8℃，或保持 $t_{平衡处理}$	EMC室内 为 $MC_{终}$ 5%～6%；Φ 不达标时，可降低 t。	1～1.5(软) 1.5～3(中) 2～5(硬)

4.4　操作过程及注意事项

4.4.1　干燥介质状态的调节

在木材干燥过程中，干燥室内的温度和相对湿度要符合干燥基准表规定的要求，这是实际操作中一项最主要、最经常的工作。操作人员要按时观察和记录干燥室内温、湿度的变化情况，并进行合理的调节与控制（全自动控制系统除外）。

通常情况下，干燥室内温度调节误差不得超过±2℃；相对湿度调节误差，不得超过±5%。具体调控顺序如表4-19所列。

表 4-19　干燥介质状态调节顺序表

序号	温度(t)	相对湿度(φ)	加热器阀门	喷蒸管阀门	进排气口
1	正常	正常			
2	正常	偏高	微开[2]		开[1]
3	正常	偏低	微关[3]	微开[2]	关[1]
4	偏高	正常	微关[1]		微开[2]
5	偏高	偏高	关[1]		开[2]
6	偏高	偏低	关[1]	微开[3]	微关[2]

序号	温度(t)	相对湿度(φ)	加热器阀门	喷蒸管阀门	进排气口
7	偏低	正常	微开[1]		微关[2]
8	偏低	偏高	微开		微开
9	偏低	偏低	微开	微开	微关

注:表中文字上角标表示操作顺序。

如表 4-19 所列,在木材干燥操作过程中,需要调控的干燥介质状态参数为温度和相对湿度(或 EMC),能够执行的部件是加热器阀门、喷蒸管阀门及进排气口。在表中所列的 9 种干燥介质状态下,只有 3 种情况需要开启喷蒸管阀门,即在干燥操作过程中,应尽量减少喷蒸,因为喷入干燥室的蒸汽,最终还是要从排湿口排出的,应充分利用木材中蒸发的水分来提高室内相对湿度,进而实现节能、降耗的目的。

下面解释关于操作顺序的问题,如表 4-19 中序号 3,即温度正常、湿度偏低时,湿度偏低首先要关闭进排气口,随着干燥过程的进行,木材内部水分的移出,干燥介质的湿度会随着增加,可能就会满足工艺要求,如湿度仍然偏低,则微开喷蒸管阀门加湿,因加湿时随着蒸汽的进入,干燥室内温度可能会偏高,此时再微关加热器阀门,以使干燥介质温度达到基准的要求。

4.4.2　操作的注意事项

① 干燥室要求供汽表压力在 0.3~0.5MPa 之间,应尽量使供汽压力稳定。

② 干球温度由加热阀门调节,相对湿度或干湿球温度差由进、排气道和喷蒸管调节。

③ 为使介质状态控制稳定,并减少热量损失,操作时应注意加热、喷蒸、进排气三种执行器互锁。即在干燥阶段,加热时不喷蒸,喷蒸时不加热,喷蒸时进排气道必须关闭,进排气道打开时不喷蒸。

④ 应尽量减少喷蒸,充分利用木材中蒸发的水分来提高室内相对湿度。当干湿球温度差大于基准设定值 1℃ 时,就应关闭进排气道,大于 2℃ 时再进行喷蒸,若大于 3℃,除采取上述措施外,还应在停止加热的同时打开疏水器旁通阀,排净加热器内的余汽,用紧急降温的办法来提高相对湿度。

⑤ 若干、湿球温度一时难以达到基准要求的数值,应首先控制干球温度不超过基准要求的误差范围,然后再调节干湿球温度差在要求的范围内。

⑥ 注意风机运行情况,如发现声音异常或有撞击声时,应立即停机检查,排除故障后再工作。如遇中途停电或因故停机,应立即停止加热或喷蒸,并关闭进排气道,防止木材损伤降等。

⑦ 注意每 4~6h 改变一次风向,先"总停"3min 以上让风机完全停稳后,

再逐台反向启动风机。风机改变风向后，温、湿度采样应跟着改变，即始终以材堆进风侧的温、湿度作为执行干燥基准的依据。

⑧ 若在供汽压力正常的情况下，操作也正常，但却升温、控温不正常，这有可能是疏水器工作不正常所致的，需修理或更换。

4.5　木材干燥时间的理论计算

本手册此部分资料来自于前苏联"中央木材机械加工科学研究所"编著的《木材室干技术指南》，计算结果仅供参考。

4.5.1　周期式干燥室低温干燥时间的确定

周期式干燥室低温干燥时间（τ）按式（4-8）确定：

$$\tau = \tau_H A_P A_U A_K A_B A_L \tag{4-8}$$

式中　τ_H——规定树种、厚度（S_1）、宽度（S_2）的锯材，在中等循环速度（计算速度为 1m/s，材堆宽度为 1.5～2m）的可逆强制循环干燥室内，用常规干燥基准从最初含水率 60% 干燥到最终含水率 12% 的规定干燥时间，由表 4-20 确定；

　　　A_P——干燥基准系数：软基准为 1.7，常规基准为 1.0，强化基准为 0.8；

　　　A_U——介质循环系数，按表 4-21 确定；

　　　A_K——干燥质量系数，一级质量为 1.2，二级质量为 1.15，三级质量为 1.05，四级质量为 1.00；

　　　A_B——含水率系数，按表 4-22 确定；

　　　A_L——长度系数，按表 4-23 确定。

表 4-20　周期式干燥室锯材低温干燥时的规定干燥时间　　　　单位：h

锯材厚度 S_1/mm	锯材宽度 S_2/mm					
	40～50	60～70	80～100	110～130	140～180	大于 180 及毛边材
松木、云杉、冷杉、雪松						
16 以下	23	25	26	27	27	27
19	29	31	32	33	33	33
22	34	37	39	39	39	39
25	45	50	53	54	55	55
32	59	63	68	72	73	73
40	71	79	84	86	88	88
50	—	93	99	100	104	105
60	—	103	114	122	125	130

锯材厚度 S₁/mm	锯材宽度 S_2/mm					
	40～50	60～70	80～100	110～130	140～180	大于180及毛边材
松木、云杉、冷杉、雪松						
70	—	—	147	161	178	194
75	—	—	156	177	197	218
100	—	—	340	354	379	432
落叶松						
16 以下	58	63	64	67	68	68
19	68	72	74	77	77	77
22	75	80	83	86	87	87
25	83	88	91	92	93	94
32	94	99	104	108	110	113
40	113	129	144	157	166	175
50	—	182	224	256	279	304
60	—	235	304	361	400	443
70	—	—	431	521	585	635
75	—	—	466	574	650	737
山杨、椴木、白杨						
16 以下	29	31	33	34	34	34
19	36	38	39	40	40	40
22	43	45	47	53	54	54
25	59	62	64	66	67	68
32	73	80	84	88	89	91
40	81	87	93	96	99	102
50	—	98	109	116	119	123
60	—	112	128	140	152	164
75	—	—	253	282	311	344
桦木、赤杨						
16 以下	36	37	37	38	39	39
19	44	45	47	47	48	48
22	50	51	53	54	55	55
25	67	73	78	81	83	84
32	81	85	88	91	92	94

锯材厚度 S_1/mm	锯材宽度 S_2/mm					
	40～50	60～70	80～100	110～130	140～180	大于180及毛边材
桦木、赤杨						
40	93	96	100	101	105	107
50	—	115	130	141	149	158
60	—	155	187	213	231	249
75	—	—	377	420	463	514
水青冈、槭木、大叶榆、白蜡树						
16 以下	58	59	61	63	63	63
19	65	68	71	73	73	74
22	73	77	80	81	82	83
25	91	94	96	99	101	102
32	102	109	115	118	120	122
40	114	126	140	152	159	167
50	—	170	199	225	239	255
60	—	250	296	339	367	396
75	—	—	591	657	728	805
栎木、胡桃、千金榆						
16 以下	84	85	85	87	87	88
19	88	91	94	96	96	97
22	97	101	104	105	106	107
25	117	125	132	136	138	140
32	146	173	193	206	214	221
40	183	234	269	293	307	321
50	—	365	431	488	520	551
60	—	562	679	777	841	905
75	—	—	1086	1209	1340	1483

表 4-21　可逆循环干燥室介质循环系数 A_U 的数值

$\tau_H A_P$/h	介质循环速度/(m/s)							
	0.2	0.5	1.0	1.5	2.0	2.5	3.0	3.5
20	3.14	1.80	1.00	0.78	0.63	0.54	0.49	0.46
40	2.40	1.65	1.00	0.81	0.67	0.59	0.54	0.52
60	2.03	1.58	1.00	0.84	0.71	0.64	0.60	0.58

$\tau_H A_P/h$	介质循环速度/(m/s)							
	0.2	0.5	1.0	1.5	2.0	2.5	3.0	3.5
80	1.76	1.42	1.00	0.85	0.76	0.72	0.68	0.67
100	1.56	1.32	1.00	0.88	0.81	0.79	0.78	0.77
140	1.31	1.15	1.00	0.92	0.91	0.90	0.89	0.88
180	1.15	1.10	1.00	0.96	0.95	0.94	0.93	0.92
≥220	1.08	1.05	1.00	0.99	0.98	0.97	0.96	0.95

注:不可逆循环时表中系数乘以 1.1。

表 4-22　含水率系数 A_B 的数值

最初含水率 $MC_初/\%$	最终含水率 $MC_终/\%$											
	22	20	18	16	14	12	11	10	9	8	7	6
120	1.07	1.12	1.18	1.25	1.33	1.43	1.49	1.55	1.61	1.68	1.76	1.86
110	1.00	1.06	1.12	1.20	1.28	1.37	1.43	1.49	1.55	1.62	1.71	1.81
100	0.94	1.00	1.06	1.14	1.22	1.31	1.37	1.43	1.50	1.57	1.65	1.75
90	0.87	0.93	1.00	1.07	1.16	1.25	1.30	1.36	1.43	1.51	1.58	1.68
80	0.80	0.86	0.93	1.00	1.09	1.18	1.23	1.29	1.35	1.43	1.51	1.61
70	0.72	0.78	0.84	0.92	1.00	1.10	1.15	1.21	1.27	1.35	1.43	1.52
65	0.67	0.74	0.80	0.87	0.96	1.05	1.10	1.16	1.23	1.30	1.38	1.48
60	0.62	0.68	0.75	0.82	0.91	1.00	1.05	1.11	1.18	1.25	1.33	1.43
55	0.57	0.63	0.69	0.77	0.85	0.94	1.00	1.06	1.12	1.20	1.28	1.38
50	0.51	0.57	0.63	0.71	0.79	0.89	0.94	1.00	1.06	1.14	1.22	1.32
45	0.44	0.50	0.57	0.64	0.73	0.82	0.87	0.93	1.00	1.07	1.15	1.25
40	0.37	0.43	0.49	0.57	0.65	0.75	0.80	0.86	0.93	1.00	1.08	1.18
35	0.29	0.35	0.43	0.49	0.57	0.66	0.72	0.78	0.84	0.92	1.00	1.10
30	0.19	0.25	0.32	0.39	0.48	0.57	0.62	0.68	0.75	0.82	0.90	1.00
28	0.15	0.21	0.27	0.35	0.43	0.53	0.58	0.64	0.71	0.78	0.86	0.96
26	0.10	0.16	0.23	0.31	0.38	0.48	0.54	0.59	0.66	0.73	0.82	0.91
24	0.06	0.11	0.18	0.27	0.33	0.43	0.49	0.54	0.61	0.68	0.77	0.86
22	—	0.06	0.13	0.22	0.28	0.38	0.43	0.49	0.56	0.63	0.71	0.81
20	—	—	0.07	0.14	0.22	0.32	0.37	0.43	0.49	0.57	0.65	0.75

表 4-23　长度系数 A_L 的数值

毛料长度 L 与其厚度 S_1 之比	≥40	35	30	25	20	15	10	7	5
A_L	1	0.97	0.95	0.93	0.91	0.88	0.80	0.70	0.60

4.5.2　周期式干燥室高温干燥时间的确定

周期式干燥室高温干燥时间（τ_1）按式（4-9）确定：

$$\tau_1 = \tau_{H1} A_S A_{U1} A_{B1} A_T A_L A_{K1} \tag{4-9}$$

式中　τ_{H1}——规定尺寸的松树锯材，在介质循环速度 2m/s 的可逆循环干燥室内用高温干燥基准从最初含水率 60％干燥到最终含水率 12％的规定干燥时间，h，按表 4-24 确定；

　　　A_S——树种系数：松树、云杉、冷杉、雪松为 1.0，山杨为 1.1，桦木为 1.4，落叶松为 4.0；

　　　A_{U1}——介质循环系数，在可逆循环条件当循环速度等于 1.0m/s 时为 1.40，1.5m/s 时为 1.18，2.0m/s 时为 1.00，2.5m/s 时为 0.85，3.0m/s 时为 0.76，3.5m/s 时为 0.7，不可逆循环时上述数值乘以 1.1；

　　　A_{B1}——含水率系数，按表 4-25 确定；

　　　A_T——干燥介质在干燥过程第一及第二阶段的实际温度（t_C）与干燥基准规定温度（t_K）偏差系数，按公式（4-10）确定；

　　　A_L——木材长度系数，按表 4-23 确定；

　　　A_{K1}——质量系数，根据质量等级、木料厚度及 $\tau_{H1} A_S A_{U1} A_{B1} A_T A_L$ 的乘积，按表 4-26 确定。

偏差系数按式（4-10）计算：

$$A_T = \frac{A_{T1} \Delta MC_1 + A_{T2} \Delta MC_2}{MC_初 - MC_终} \tag{4-10}$$

式中　A_{T1}，A_{T2}——干燥基准第一阶段系数及第二阶段系数，按图 4-24 确定；

　　　ΔMC_1——最初含水率 $MC_初$ 与过渡含水率之差，即 $\Delta MC_1 = MC_初\% - 20\%$；

　　　ΔMC_2——过渡含水率与最终含水率 $MC_终$ 之差，即 $\Delta MC_2 = 20\% - MC_终\%$。

如果给出的数字为表中没有列出的中间值，可用插入法来确定。

表 4-24　周期式干燥室锯材高温干燥时的规定干燥时间 τ_{H1}　　　单位：h

锯材厚度 S_1/mm	锯材宽度 S_2/mm					
	40～50	60～70	80～100	110～130	140～180	大于 180 及毛边材
19	4.9	5.0	5.0	5.0	5.0	5.0

锯材厚度 S_1/mm	锯材宽度 S_2/mm					
	40～50	60～70	80～100	110～130	140～180	大于180及毛边材
22	5.5	5.7	6.0	6.2	6.4	6.8
25	6.5	7.0	7.4	7.9	8.3	8.8
32	9.5	11.0	11.6	12.5	13.5	14.3
40	14.7	16.2	17.7	19.4	20.4	21.5
50	—	25.5	28.7	32.5	34.5	37.0
60	—	40.0	45.0	52.0	57.3	61.6

表 4-25 含水率系数 A_{B1} 的数值

最初含水率 $MC_{初}$/%	最终含水率 $MC_{终}$/%											
	22	20	18	16	14	12	11	10	9	8	7	6
120	1.98	2.01	2.05	2.09	2.14	2.20	2.24	2.29	2.34	2.40	2.47	2.57
110	1.78	1.81	1.85	1.89	1.94	2.00	2.04	2.09	2.14	2.20	2.27	2.37
100	1.58	1.61	1.65	1.69	1.74	1.80	1.84	1.89	1.94	2.00	2.07	2.17
90	1.38	1.41	1.45	1.49	1.54	1.60	1.64	1.69	1.74	1.80	1.87	1.97
80	1.18	1.21	1.25	1.29	1.34	1.40	1.44	1.49	1.54	1.60	1.67	1.77
70	0.98	1.01	1.05	1.09	1.14	1.20	1.24	1.29	1.34	1.40	1.47	1.57
65	0.88	0.91	0.95	0.99	1.04	1.10	1.14	1.19	1.24	1.30	1.37	1.47
60	0.78	0.81	0.85	0.89	0.94	1.00	1.04	1.09	1.14	1.20	1.27	1.37
55	0.68	0.71	0.75	0.79	0.84	0.90	0.94	0.99	1.04	1.10	1.17	1.27
50	0.58	0.61	0.65	0.69	0.74	0.80	0.84	0.89	0.94	1.00	1.07	1.17
45	0.48	0.51	0.55	0.59	0.64	0.70	0.74	0.79	0.84	0.90	0.97	1.07
40	0.38	0.41	0.45	0.49	0.54	0.60	0.64	0.69	0.74	0.80	0.87	0.97
35	0.28	0.31	0.35	0.39	0.44	0.50	0.54	0.59	0.64	0.70	0.77	0.87
30	0.18	0.21	0.25	0.29	0.34	0.40	0.44	0.49	0.54	0.60	0.67	0.77
28	0.14	0.17	0.21	0.25	0.30	0.36	0.40	0.45	0.50	0.56	0.63	0.73
26	0.10	0.13	0.17	0.21	0.26	0.32	0.36	0.41	0.46	0.52	0.59	0.69
24	0.06	0.09	0.13	0.17	0.22	0.28	0.32	0.37	0.42	0.48	0.55	0.65
22	—	0.04	0.09	0.13	0.18	0.24	0.28	0.33	0.38	0.44	0.51	0.61
20	—	—	0.04	0.08	0.13	0.19	0.23	0.28	0.33	0.39	0.46	0.56

表 4-26　质量系数 A_{K1} 的数值

$\tau_{H1}A_SA_{U1}$ $A_{B1}A_TA_L$/h	A_{K1}		$\tau_{H1}A_SA_{U1}$ $A_{B1}A_TA_L$/h	A_{K1}	
	S_1 19～35/mm	S_1 40～60/mm		S_1 19～35/mm	S_1 40～60/mm
1.0	10.0	13.0	9.0	2.0	2.3
1.5	7.0	9.0	10.0	1.90	2.20
2.0	5.5	7.0	12.0	1.75	2.00
2.5	4.6	5.8	14.0	1.65	1.85
3.0	4.0	5.0	16.0	1.55	1.75
3.5	3.6	4.5	18.0	1.50	1.65
4.0	3.2	4.0	20.0	1.45	1.60
5.0	2.8	3.4	30.0	1.30	1.40
6.0	2.5	3.0	40.0	1.20	1.30
7.0	2.3	2.7	60.0	1.15	1.20
8.0	2.1	2.5	100 以上	1.10	1.12

注: A_{K1} 数值为三级质量的木料,质量为一级和二级时应乘上 1.05。

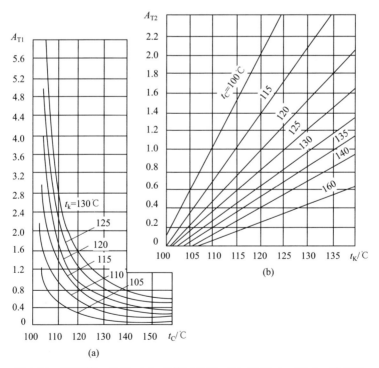

图 4-24　基准第一阶段 (a) 和第二阶段 (b) 系数 A_{T1} 和 A_{T2} 确定图

4.6 木材干燥的缺陷及预防

锯材贮存和干燥过程中可能会产生种种缺陷的原因：木材是各向异性体，相同干燥条件下，在不同方向上的干缩数值不同；锯材在干燥过程中，断面上的含水率分布是不均匀的，导致内外层的干缩也不尽相同；从结构组成上看，木材由各种不同的细胞组成，细胞中又含有水分和化学抽提物，在贮存和干燥过程中会受到周围环境及真菌、细菌的影响或侵袭；木材构造本身的缺陷，等等。其主要缺陷有：开裂、变形、皱缩、变色和干燥不均匀。

4.6.1 干燥缺陷的类型

木材在干燥过程中会产生各种缺陷，这些缺陷大多数是能够防止或减轻的。与干燥缺陷有关的因子是木材的干燥条件、干缩率、水分移动的难易程度以及材料抵抗变形的能力等。

（1）木材的开裂　根据锯材干燥时，开裂的部位不同，开裂可分为外部开裂和内裂开裂，外部开裂又包括表裂和端裂两种情况。

① 表裂　表裂通常出现在弦切板的正面（靠近树皮的面）上，且沿木射线或树脂道方向发展；径切板的表裂多出现在两侧面上。如图 4-25（a）所示。它是由于干燥前期表面张应力过大而引起的。

表裂是在干燥前期出现的缺陷，到干燥后期不严重的表裂通常会闭合。这是由于干燥前期木料表层受拉力，且弦切板正面拉应力最大，而湿木材的抗拉强度较低，故最易出现表裂。到干燥后期，木料断面上的应力发生转换，内部受拉应力，表层反而受压应力，在压应力作用下，初期不大的表裂到后期就闭合了。但一旦木材发生开裂，木材纤维已受到破坏，木材的强度也受到影响，且在空气湿度变化的环境中使用时，这种开裂还可能会再现。

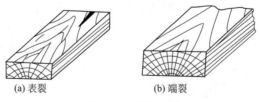

(a) 表裂　　　　　　　　　(b) 端裂

图 4-25　外部开裂

② 端裂　端裂多数是由于制材前原木的生长应力和干缩出现的裂纹，如图 4-25（b）所示。当干燥条件恶劣时会发生新的端裂，而且使原来的裂纹进一步扩展。端裂若不及时防止，会发展成劈裂，使木料报废，直接影响木材加工的出材率。

由于木材中的水分沿顺纹方向排出的速度远远大于横纹方向，因此，当整块木料的平均含水率还远在纤维饱和点以上时，两端的含水率早已降到纤维饱和点以下，端部木材要收缩，但受到内部木材的抑制，致使端部木材受拉力，当拉力超过木材横纹抗拉强度时，就产生端裂。因木射线组织强度差，故端裂通常沿木射线发展。此外，木材中的生长应力也是产生劈裂的主要原因。有时木材在锯解时，就会顺着纹理产生劈裂。干燥带有生长应力的木料，需采用较软的干燥基准，或干燥前对木料进行汽蒸或水煮处理，以减小生长应力。

③ 内部开裂　内部开裂是在木材内部沿木射线裂开，如蜂窝状，如图 4-26 所示。外表无开裂痕迹，只有锯断时才能发现。内裂一般发生于干燥后期，是由于表面硬化较严重，后期干燥条件又较剧烈，使内部张应力过大引起的。内裂是一种严重的干燥缺陷，对木材的强度、材质、加工及产品质量都有极其不利的影响，一般不允许发生。

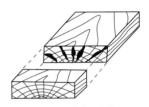

图 4-26　内部开裂

有些树种（如栎木属）的木材，材质致密，锯材芯部的水分很难向外移动，因此，锯材横断面上的水分分布曲线很陡峭。干燥初期，当锯材平均含水率还远高于纤维饱和点时，其薄薄的表层含水率早已降到纤维饱和点之下，表层受到相当大的拉应力，产生较大的拉伸塑性变形。且随时间的延续产生塑化变形，若不处理，从此失去收缩的能力。干燥后期，锯材芯部的收缩超过了表层，这时芯部受拉应力，若在锯材平均含水率已远低于纤维饱和点，但芯部的含水率还较高时，过早地大幅度升高温度，木材会产生内裂。

（2）木材的变形　弯曲变形是由于板材纹理不直、各部位的收缩不同或不同组织间的收缩差异及其局部塌陷而引起的，属于木材的固有性质。其弯曲的程度与树种、树干形状及锯解方法有关。被干木材的变形主要有横弯、顺弯、扭曲和翘曲等几种，如图 4-27 所示。锯材弯曲变形会给木材加工带来一定的困难，出材率明显降低。

横弯是板面沿横向发生弯曲，常出现在弦切板上。横弯的形成主要由于弦切板的正面（靠近树皮的面）的横向收缩大于反面的横向收缩，故板材向树皮方向翘曲。顺弯是板面沿纵向发生弯曲，顺弯经常是由于板材的一面有应力木，其纵向干缩大于另一面正常木材；另外，堆垛时隔条放置不整齐，上下层的隔条不在一直线上，上层板材的重量会将下层板材压弯。侧弯是板材侧面（板边）沿纵向发生弯曲，侧弯是由于板材的一侧有应力木或幼龄材，其一侧的纵向干缩大于另一侧所致的。扭曲是板面发生扭转，板材的四个角不在同一平面上，主要是由于板材中含有扭转或螺旋纹理，或含有幼龄材，其一部分的纵向干缩特别大所致的。

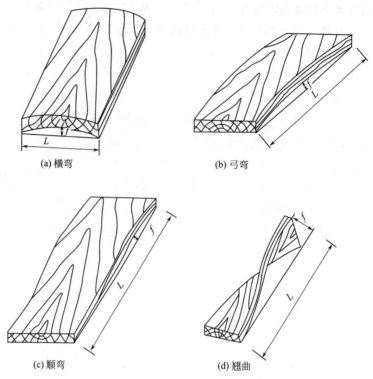

(a) 横弯

(b) 弓弯

(c) 顺弯

(d) 翘曲

图 4-27　弯曲变形

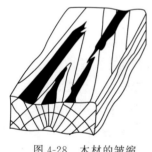

图 4-28　木材的皱缩

（3）木材的皱缩　皱缩是由于木材细胞腔中的液态自由水排出时，产生很大的毛细管张力，对细胞壁产生巨大的吸引力，使细胞壁向腔内塌陷引起的。另外，干燥初期木材内部受压缩应力的作用，此力与毛细管张力相叠加，更加重了木材皱缩。皱缩是在干燥前期，当锯材平均含水率还在纤维饱和点以上时发生的。主要与细胞形态、胞壁厚薄不均匀及胞壁透气性差有关。如图 4-28 所示。皱缩集中的部位会出现板面的凸凹不平，使加工余量增大。若因干燥工艺不合理而引起的皱缩，则往往还伴随有内裂或外裂，严重者使木材降等乃至报废。

（4）木材的变色　木材经干燥后都会不同程度地发生变色现象。变色主要有两种情况：一种是由于微生物（真菌、细菌）的繁殖而发生的变色；另一种是由于木材中抽提物成分在湿热状态下酸化而造成的化学变色。

① 微生物引起的变色　微生物引起的变色有：边材蓝变、木材霉变、湿芯材褐变。

蓝变在针叶材和阔叶材中都可能发生，但通常只发生在边材，浅色木材（如马尾松、橡胶木、色木等）的边材很容易产生蓝变。霉变指在温暖、潮湿的环境下，湿材表面产生白色、黄褐色或黑色的絮状霉斑。某些硬阔叶树材在室干时，如采用的干燥基准过软很容易在木材表面生霉，霉变只发生在木材表面，可用刷子清除，也可刨除，对木材质量无大影响。湿芯材褐变是木材病理上的变化引起的，当湿芯材干燥时，厌氧细菌使木材中的抽提物发生化学降解从而使木材褐变。易产生湿芯材褐变的树种有北美乔松、糖松、白杨、美洲黑杨和铁杉。

② 化学变色　化学变色多发生于芯材。大多数树种的芯材在干燥期间，由于抽提物的化学性质不同及干燥温度不同会产生不同程度的均匀的褐变。这种变色是由于木材细胞中的酶在室内温度作用下，发生降解所致的。例如柚木室干时，会在材面上生成不均匀的褐色油状斑纹，而且干燥温度越高，斑纹越深。但在阳光下晾晒后，斑纹就会变浅或消失。为避免板材由于暴晒而开裂，可边晒边在板面上洒水。另外室顶的冷凝水及喷蒸管中的锈污水滴洒在锯材表面，也会引起褐变。

（5）干燥不均匀　干燥不均匀包括材堆各部位终含水率不均匀及锯材厚度上终含水率分布不均匀。前者或是由于一室的锯材初含水率严重不均匀（如有湿芯材），或因室内各部位干燥不均匀而造成；后者主要是由于木材致密，中心水分很难向表面移动，或干燥过急，表层水分大量蒸发，而内部水分的移动跟不上所致的。

4.6.2　干燥缺陷产生的原因及预防

木材在干燥过程中易产生的干燥缺陷种类繁多，产生干燥缺陷的原因各不相同。通过对实际生产中干燥缺陷产生的一般原因和预防及纠正方法进行了归纳和总结，列于表4-27，仅供使用者参考。

表 4-27　干燥缺陷产生的原因和纠正方法

缺陷名称		产生的一般原因	预防、纠正方法
开裂	表裂	① 多发生在干燥过程的初期阶段，由于锯材表层所受拉应力大于横纹抗拉强度所致； ② 基准升级太快，表面水分蒸发过于剧烈，操作不当； ③ 干燥处理后，被干木材在较热的情况下，卸出干燥室； ④ 干燥前原有的裂纹在干燥过程中扩大	① 选用较软基准，干燥初期宜采用较低温度、较高湿度（较小的干湿球温差）的工艺条件； ② 改进工艺操作，减少温度和相对湿度的波动； ③ 被干木材冷却到工艺要求后，卸出干燥室； ④ 气干时已产生表裂的锯材，在随后的室干过程中，不宜多次喷蒸处理，以免表裂扩大和加深，可有效防止表裂

缺陷名称		产生的一般原因	预防、纠正方法
开裂	端裂	① 锯材中水分沿顺纹方向排出的速度远大于横纹方向，顺纹理的端头水分蒸发强烈，端部木材受拉力超过木材横纹抗拉强度； ② 锯材堆积不当，隔条离木材端头太远； ③ 基准较硬，干燥初期温度过高或湿度过低； ④ 生长应力大的木料(应力木或速生幼龄材)在锯解时顺着纹理产生端裂或劈裂，在干燥过程中扩大； ⑤ 径裂是端裂的特例，主要发生在髓心板上，因弦向收缩和径向收缩不一致而引起	① 被干木材端头涂上防水涂料； ② 木料堆积时，采用齐头或埋头的堆积法，即木料两端的隔条与板端平齐，或端头缩在隔条中，以防两端水分蒸发过快； ③ 选择较软的基准进行干燥； ④ 需采用较软的干燥基准，或干燥前对木料进行汽蒸或水煮预处理，以减小生长应力； ⑤ 对于大髓心板材，无论在气干还是室干过程中都会产生这种缺陷。而这种缺陷只能防止，主要是在制材时，将髓心部分除去或者使髓心位于木材的表面，方可预防这种缺陷的产生
	内裂	① 基准偏硬，干燥初期水分蒸发过快，表面塑化固定，到干燥后期，如干燥条件较剧烈，锯材芯部的收缩超过了表层，此时芯部受到拉应力，当拉应力超过木材横纹抗拉强度时，便会产生内部开裂； ② 有些材种(如栎木属木材)材质致密，锯材芯部的水分很难向外移动，属于较易产生内部开裂的木材	① 选择较软的基准，适当放慢初期的干燥速度，防止锯材表层塑化固定，适时地进行中间喷蒸处理，适当降低基准的后期温度； ② 待锯材中心层的含水率也降到纤维饱和点之下，才能大幅度提高干燥温度，降低空气湿度； ③ 对于易产生内裂的被干木材，采用较软的基准，干燥时加强检查，及时调节和控制干燥介质的温度和相对湿度
变形	弯曲	① 横弯主要由于弦切板外弦面的横向收缩大于对面的收缩，故板材向树皮方向翘曲，且终含水率越低，横弯越严重； ② 顺弯是由于板材一面的纵向干缩大于对面，或堆垛时隔条放置不当，上下层不在一直线上，上层板材的重量会将下层压弯； ③ 侧弯是板材侧面(板边)沿纵向发生弯曲，由于板材一侧纵向干缩大于另一侧所致； ④ 被干木材厚度不均匀； ⑤ 终含水率不均匀，有残余应力	① 控制终含水率，以免过干；材堆顶部加重物压紧(根据生产实践，每平方米的材堆顶面积加 1t 的重物，可有效防止横弯)； ② 按木材堆积要求进行整齐堆垛，减小隔条间距；材堆顶部加压重物； ③ 隔条的夹紧很难防止侧弯，但控制板材的终含水率，防止过干，可在一定程度上减小侧弯； ④ 在堆垛时确保被干木材厚度一致； ⑤ 做好干燥过程的平衡处理及终了处理
	扭曲	① 扭曲是板面发生扭转，板材的四个角不在同一平面上，其主要是由于板材中含有扭转或螺旋纹理，或含有幼龄材，其一部分的纵向干缩特别大所致的； ② 由于干燥过程中锯材干缩不一造成的板面扭翘不平； ③ 材堆中温、湿度不均，波动大	① 板材整齐堆垛，减小隔条间距；并在材堆顶部加重物，以限制板材扭曲；另外，控制终含水率，防止板材过干，可减小扭曲。 ② 确保材堆中温湿度和干燥介质循环速度的均布。 ③ 已产生扭曲的锯材，可用热水浸泡数小时，然后重新堆垛，并加重物压紧，再行干燥，可使翘曲得到矫正
皱缩		① 皱缩在干燥前期的高含水率段当干燥较快时发生，是由于木材细胞腔中的自由水排出时，产生了很大的毛细管张力，加之锯材的透气性较差，使胞腔内部出现局部真空，使细胞壁向腔内塌陷引起的； ② 一般初含水率很高的木材(特别是湿芯材)易发生皱缩，某些材质致密内部水分移动困难的木材，或细胞壁较薄的速生材，若前期采用过高的干燥温度，也易产生皱缩	① 对于易产生皱缩的木材，最好先气干预干再室干，或室干前期采用低温(不超过50℃)和缓慢的工艺条件； ② 对已产生皱缩的锯材当平均含水率降到 20% 左右时，可用饱和蒸汽喷蒸处理(4h以上)，可减轻皱缩

缺陷名称		产生的一般原因	预防、纠正方法
变色	微生物变色	① 蓝变由真菌在木材上繁殖、生长引起。 ② 霉变也是由真菌引起的,湿材在温暖、潮湿的环境下,易在表面产生白色、黄褐色或黑色的絮状霉斑。某些硬阔叶树材室干时,采用的干燥基准过软,也易在木材表面生霉。 ③ 当湿芯材干燥时,厌氧细菌使木材中的抽提物发生化学降解从而使木材褐变。 ④ 干燥温度低,相对湿度高,干燥介质循环速度较慢	① 易蓝变的树种在采伐后,应及时锯解和人工干燥,或及时用化学药剂进行防变色处理;采用温度 60℃ 以上、风速 1m/s 以上的人工干燥工艺,使木材含水率降至 20% 以下,一般可有效地防止边材蓝变。 ② 对已生霉的锯材,可用 60℃ 以上的温度汽蒸数小时,有效抑制霉菌生长。 ③ 湿芯材褐变可采用化学处理或采用特殊的干燥基准,用抗氧剂处理生材,效果较好。未处理的湿芯材采用低温、低湿基准干燥,可控制褐变。与铸铁发生化学反应产生的木材表层变色可用草酸水溶液去除
	化学变色	大多数树种的芯材在干燥期间,由于抽提物的化学性质和干燥温度的不同会产生不同程度的均匀褐变。这种变色是由于木材细胞中的酶在室内温度作用下,发生降解所致的	① 要及时进行人工干燥,防止长期在场地上堆放。 ② 室干时要采用较温和的干燥基准,生材也可用化学试剂浸渍处理后,再室干,以消除褐变。 ③ 注意喷蒸管喷口方向,以免冷凝水滴在材面上
终含水率不均匀	材堆各部位不均匀	① 同一室的锯材初含水率严重不均匀(如有湿芯材); ② 长度方向上不均,主要是因为沿长度方向干燥介质对材堆的加热不均匀; ③ 宽度方向上不均,主要是由于通过材堆的气流速度偏慢或风机换向太频繁; ④ 高度方向上不均,主要原因是沿材堆的高度方向介质的循环速度分布不均	① 室干前进行预分选,湿芯材等初含水率过高的锯材分开干燥; ② 确保加热器沿材堆长度方向均匀加热,设置挡风板,提高气流循环的均匀性; ③ 确保通过材堆的风速在 1m/s 以上,延长风机的换向时间,在堆材时可适当增加隔条的厚度; ④ 码垛时确保气道宽度,改进室体结构,设置导流板,使室内气流循环均匀,从而提高干燥均匀性; ⑤ 干燥阶段终了进行平衡处理
	锯材厚度上不均匀	① 主要是由于木材致密,中心水分很难向表面移动; ② 干燥过急,表层水分大量蒸发,而内部水分的移动跟不上所致; ③ 材堆内木材的规格、厚度不统一; ④ 干燥薄板时,两块木材重叠堆积或者是多块木材重叠堆积	① 适时进行中间喷蒸处理; ② 适当减慢干燥速度,做好终了平衡及调湿处理; ③ 在制材时统一规格,使木材厚度一致; ④ 合理堆积木材

4.7 干燥材质量检验

木材干燥质量的检测一般在木材干燥结束后进行,根据国家标准《锯材干燥质量》(GB/T 6491—2012)的规定进行检测。

(1) 干燥锯材含水率 干燥锯材含水率即锯材经过干燥后的最终含水率,按用途和地区考虑确定。以用途为主,地区为辅。我国各地区木材平衡含水率如附录 2 所示。各地区的 EMC 数值可以作为确定干燥锯材含水率的依据,干燥锯材含水率应比使用地区的平衡含水率低 2%～3%。我国不同用途的干燥锯材含水率，如表 4-28 所列。

表 4-28 我国不同用途的干燥锯材含水率

干燥锯材用途	含水率/%		干燥锯材用途	含水率/%	
	平均	范围		平均	范围
电气器具及机械装置	6	5～10	文具制造	7	5～10
木桶	6	5～8	机械制造木模	7	5～10
鞋楦	6	4～9	采暖室内用料	7	5～10
鞋跟	6	4～9	飞机制造	7	5～10
铅笔板	6	3～9	纺织器材：		
精密仪器	7	5～10	梭子	7	5～10
钟表壳	7	5～10	纱管	8	6～11
乐器制造	7	5～10	织机木构件	10	8～13
室内装饰用材	8	6～12	汽车制造：		
工艺制造用材	8	6～12	客车	10	8～13
枪炮用材	8	6～12	卡车	12	10～15
体育用品	8	6～11	实木地板块：		
玩具制造	8	6～11	室内	10	8～13
家具制造：			室外	10	15～20
胶拼部件	8	6～11	船舶制造	11	9～15
其他部件	10	8～14	农业机械零件	11	9～14
细木工板	9	7～12	农具	12	9～15
缝纫机台板	9	7～12	军工包装箱：		
建筑门窗	10	8～13	箱壁	11	9～14
精制卫生筷	10	8～12	框架滑枕	141	11～18
乐器包装箱	10	8～13	指接材	12	8～15
运动场用具	10	8～13	室外建筑用料	14	12～17
火柴	10	8～13	普通包装箱	14	11～18
火车制造：			电缆盘	14	12～18
客车室内	10	8～12	弯曲锯材	15	15～10
客车木梁	14	12～16	铺装道路用料	10	18～30
货车	12	10～15	远道运送锯材	20	16～22

注：干燥锯材含水率应比使用地区的平衡含水率低 2%～3%。（自 GB/T 6491—1999）。

（2）干燥锯材的干燥质量等级　干燥锯材的干燥质量规定为四个等级：

一级：指获得一级干燥质量指标的锯材，基本保持固有的力学强度。适用于仪器、模型、乐器、航空、纺织、精密机械制造、鞋楦、鞋跟、工艺品、钟表壳等生产。

二级：指获得二级干燥质量指标的干燥锯材，允许部分力学强度有所降低（抗剪强度及冲击韧性降低不超过5%）。适用于家具、建筑门窗、车辆、船舶、农业机械、军工、实木地板、细木工板、缝纫机台板、室内装饰、卫生筷、指接材、纺织木构件、文体用品等生产。

三级：指获得三级干燥质量指标的干燥锯材，允许力学强度有一定程度的降低。适用于室外建筑用料、普通包装箱、电缆盘等生产。

四级：指气干或室干至运输含水率（20%）的锯材，完全保持木材的力学强度和天然色泽。适用于远道运输锯材、出口锯材等。

（3）干燥锯材的干燥质量指标　干燥锯材的干燥质量指标，包括平均最终含水率（$\overline{MC_z}$）、干燥均匀度［即材堆或干燥室内各测点最终含水率与平均最终含水率的容许偏差（ΔMC_z）］、锯材厚度上含水率偏差（ΔMC_h）、残余应力指标（Y）和可见干燥缺陷（弯曲、干裂等）。

各项含水率指标和应力指标如表4-29所列。

表4-29　含水率及应力质量指标（自GB/T 6491—1999）

干燥质量等级	平均最终含水率，MC_z/%	干燥均匀度，ΔMC_z/%	均方差，σ/%	厚度上含水率偏差 ΔMC_h/%				残余应力指标（叉齿相对变形）Y/%	平衡处理
				锯材厚度/mm					
				20以下	21~40	41~60	61~90		
一级	6~8	±3	±1.5	2.0	2.5	3.5	4.0	不超过2.5	必须有
二级	8~12	±4	±2.0	2.5	3.5	4.5	5.0	不超过3.5	必须有
三级	12~15	±5	±2.5	3.0	4.0	5.5	6.0	不检查	按技术要求
四级	20	+2.5/-4.0	不检查	不检查				不检查	不要求

注：1. 对于我国东南地区，一、二、三级干燥锯材的平均最终含水率指标可放宽1%~2%。
2. 平衡处理的概念见GB/T 15035，即在干燥过程结束时木堆中各部分含水率和木材内外层含水率趋于平衡的热湿处理。热湿处理为初期处理（预热）、中期（间）处理、平衡处理、终期（了）处理的总称。

锯材可见干燥缺陷质量指标见表4-30。

表4-30　可见干燥缺陷质量指标（自GB/T 6491—1999）

干燥质量等级	弯曲/%								干裂		内裂
	针叶树材				阔叶树材				纵裂/%		
	顺弯	横弯	翘曲	扭曲	顺弯	横弯	翘曲	扭曲	针叶树材	阔叶树材	
一级	1.0	0.3	1.0	1.0	1.0	0.5	2.0	1.0	2	4	不许有
二级	2.0	0.5	2.0	2.0	2.0	1.0	4.0	2.0	4	6	不许有
三级	3.0	2.0	5.0	3.0	3.0	2.0	6.0	3.0	6	10	不许有
四级	1.0	0.3	0.5	1.0	1.0	0.5	2.0	1.0	2	4	不许有

（4）检验规则　　具体检测规则详见 GB/T 6491—1999 中的规定。在锯材进行终检时，其终含水率、分层含水率及应力试件的锯制详见 4.3.1 "检验板的选制及使用" 部分所述，以下就含水率与残余应力的检测、可见干燥缺陷质量指标等项摘录如下。

① 干燥锯材含水率与残余应力的检测

a. 检测被干锯材各项含水率，除分层含水率外，其余均指干燥锯材断面上的平均含水率；干燥锯材的各项含水率指标，采用重量法和电测法进行测定。以重量法为准，电测法为辅。

b. 同室干燥一批锯材的平均最终含水率（$\overline{MC_z}$）、干燥均匀度（ΔMC_z）、厚度上含水率偏差（ΔMC_h）等干燥质量指标，采用含水率试验板（整块被干锯材）进行测定。当锯材长度≥3m 时，含水率试验板于干燥前的一批被干锯材中选取，要求没有材质缺陷，其含水率要有代表性。锯材长度≤2m 时，含水率试验板于干燥结束后的木堆中选取。

c. 干燥锯材的残余应力指标用含水率试验板锯解应力试片确定。取残余应力指标的算术平均值（$\overline{Y}$）为确定干燥质量的合格率的残余应力指标。

最终含水率、分层含水率及残余应力指标等测定数据，可按 GB/T 6491—1999 中所列表格，进行统计与计算。

② 干燥锯材可见干燥缺陷的检测　　干燥锯材的可见干燥缺陷质量指标按 GB/T 6491—1999 中的规定检算。采用可见缺陷试验板或干后普检的方法进行检测。

a. 翘曲的计算　　翘曲包括顺弯、横弯及翘弯，均检量其最大弯曲拱高与曲面水平长度之比，以百分率表示，按（4-11）计算：

$$WP = \frac{h}{l} \times 100 \qquad\qquad (4-11)$$

式中　WP——翘曲度（或翘曲率），%；

　　　h——最大弯曲拱高，mm；

　　　l——内曲面水平长（宽）度，mm。

b. 扭曲的计算　　检量板材偏离平面的最大高度与试验板长度（检尺长）之比，以百分率表示，按式（4-12）计算：

$$TW = \frac{h}{l} \times 100 \qquad\qquad (4-12)$$

式中　TW——扭曲度（或扭曲率），%；

　　　h——最大偏离高度，mm；

　　　l——试验板长度（检尺长），mm。

c. 干裂　　干裂指因干燥不当使木材表面纤维沿纵向分离形成的纵裂和在木

材内部形成的内裂（蜂窝裂）等。纵裂宽度的计算起点为 2mm，不足起点的不计。自起点以上，检量裂纹全长。在材长上数根裂纹彼此相隔不足 3mm 的可连贯起来按整根裂纹计算，相隔 3mm 以上的分别检量，以其中最严重的一根裂纹为准。内裂不论宽度大小，均予计算。

d. 干燥锯材裂纹的检算　一般沿材长方向检量裂纹长度与锯材长度相比，以百分率表示，按式（4-13）计算：

$$LS = \frac{l}{L} \times 100 \tag{4-13}$$

式中　LS——纵裂度（纵裂长度比率），%；

l——纵裂长度，mm；

L——锯材长度，mm。

锯材干燥前发生的弯曲与裂纹，干前应予检测、编号与记录，干后再行检测与对比，干燥质量只计扩大部分或不计（干前已超标）。这种锯材干燥时应正确堆积，以矫正弯曲；涂头或藏头堆积以防裂纹扩大。对于在干燥过程中发生的端裂，经过湿热处理裂纹闭合，锯解检查时才被发现（经常在锯材端部 100mm 左右处），不应定为内裂。

（5）干燥锯材的验收　每批同室被干燥锯材于干燥结束后均应对干燥质量进行检查和验收，以保证干燥锯材的质量。干燥锯材的验收是以干燥质量指标为标准，以锯材的树种、规格、用途和技术要求，以及其他特殊情况为条件。验收标准和条件可根据 GB/T 6491—2012 中关于干燥锯材的验收的规定，根据干燥质量合格率和干燥锯材降等率进行验收或根据干燥质量合格率进行验收。具体由供需双方协商确定。

4.8　干燥材的存放

干锯材的贮存有三种方法：敞棚贮存、常温密闭仓库贮存和加温密闭仓库贮存。

（1）敞棚贮存　敞棚贮存时，棚内温、湿度随周围大气环境的变化而变化。木材的含水率很不稳定，干燥材的吸湿回潮大。因此，敞棚不适宜贮存人工干燥后的干锯材（特别是含水率在 12%～14% 以下的木材）。但在敞棚下进行湿材或半干材的气干是可行的。如果户外气流能不断循环通过棚内的材堆，则木材可干燥至和户外气干同样的程度。

大规模的锯木厂的附设场棚（气干棚）的地面通常铺设水泥或柏油。有的在棚内设置架空吊车供装卸材堆之用。家具工厂或制品厂的敞棚地面最好也铺设水泥或柏油。

（2）常温密闭仓库贮存　该方法是国内常用的干锯材贮存方法。被贮存材应密实堆积，必要时要以包装带适度捆扎以防止松散；库内地面须铺设混凝土或沥青，且须用混凝土垛基和木方横梁将材堆架空，以减少干材吸湿。尽管如此，干锯材贮存于常温密闭仓库内，仍会受大气影响而吸湿回潮，但比室外或敞棚内贮存减少很多。据美国林产品研究所研究：1in厚的南方松板材，密实堆积贮存于密闭仓库内一年后，其含水率由 7.5% 升至 10.5%；但同法堆积贮于室外的同样板材，却升至 13.5%。

室干材贮于密闭仓库内，也会减少材堆中最湿材与最干材间的含水率差距。如美国林产品研究所试验，1in×6in 的花旗松，密实堆积，贮于密闭仓库内一年后，其含水率差距由原来的 20% 降为 13%。这是由于水分从含水率较高的木材扩散入含水率较低的木材中的缘故。另外，仓库的屋顶和墙壁会吸收太阳的辐射热而增加库内温度。但温暖的空气会滞于库内上部，使温度不均匀，形成材堆上部平衡含水率低，下部高的现象。在库内装轴流风机，使气流强制循环，可有效消除此缺陷。为节约电能消耗，每天白天开动风机运转 6～8h 即可。此外，考虑到锯材进出仓库的搬运，在库内铺设与库外运输系统配合的轨道或车道，以利于作业。

（3）加温密闭仓库贮存　是在常温密闭仓库内安装蒸汽或热水散热管而成的。由于仓库内可以加温，木材的平衡含水率自然会降低，从而可有效地防止干材吸湿回潮。由于木材平衡含水率受周围空气湿度的影响远比温度的影响大，故在仓库内设置自动调湿器来控制库内的平衡含水率较为方便。如将调湿器的相对湿度设定为 35%，则空气的温度在 10～36℃ 之间变化时，木材平衡含水率变化范围只有 6.5%～7.1%。这说明只要保持空气的相对湿度不变，即使空气温度变化范围较大（如 26℃），平衡含水率变化也很小（只有 0.6%）。若工厂没有条件安装自动调湿器，则通常可人工调节仓库内温度，使比户外大气温度高出 5～11℃（风和日暖时取低值，寒冬阴雨天取高值），也可达到降湿防潮的目的。

5 木材干燥的节能技术

干燥作业涉及国民经济的广泛领域，它不仅是大批工农业产品不可或缺的基本生产环节，同时也是我国的耗能大户，干燥作业所用能源占国民经济总能耗的12％左右。干燥过程造成的污染又常常是我国环境污染的重要来源，因此，干燥技术的进步同整个国民经济的发展有十分紧密的关系。就木材加工领域而言，木材干燥是木材加工与利用中最为重要的生产环节，其能耗约占木制品生产总能耗的40％~70％。对木材进行正确合理的干燥处理，既是保证木制品质量的关键，又是节约能源、降低成本的重要手段。

多年来，针对常规干燥的节能减排问题，我国的相关学者和企业技术人员，作出了大量卓有成效的工作，总结并提出了节能减排主要途径与措施。在木材常规干燥过程中，节能途径及措施主要可从减少干燥过程的热耗量、回收废气带走的热量、降低管路及壳体热损失、减少循环风机的电能消耗等方面入手，具体如下：

① 减少干燥过程的热耗量。主要包括：通过木材气干等预处理措施，尽量降低干燥前木材的初含水率；改进和调整木材干燥基准，寻找最佳干燥工艺。

② 回收废气带走的热量。主要包括：增加干燥室排气热能的回收装置，采用高效换热器、热管技术或热泵技术对排气热能进行回收。

③ 采取合理的保温措施。尽可能地减少干燥室外部管路系统及干燥室壳体的热损失。

④ 减少循环风机的电能消耗。通过变频器降低电机转速是风机节电的一般方法。

针对节能减排主要途径与措施，本节将从满足行业实际生产需求的角度出发，在木材太阳能干燥技术、热泵干燥技术、排湿热能回收及循环风机节电措施等方面进行介绍，以期为木材常规干燥的节能技术利用方面提供思路及参考。

5.1 木材太阳能干燥

面对常规能源资源的有限性和环境压力的增加，许多国家都加强了对新能源和可再生能源技术的研究与开发。这其中，太阳能作为一种可再生的清洁能源，越来越得到科研人员的广泛研究和重视。从干燥技术的发展来看，今后木材干燥技术的变化或许是干燥所需的能源，而不是干燥方法本身。

我国有较丰富的太阳能资源，约有 2/3 的国土年辐射时间超过 2200h，年辐射总量超过 5000MJ/m²。全年照射到我国广大面积的太阳能相当于目前全年的煤、石油、天然气和各种柴草等全部常规能源所提供能量的 2000 多倍。全国各地太阳年辐射总量为 3340～8400MJ/m²，中值为 5852MJ/m²。

表 5-1　我国太阳能资源区划

地区分类	全年日照时间/h	年太阳辐射总量/[MJ/(m²·a)]	相当燃烧标煤/kg*	包括的地区
一	2800～3300	6700～8400	230～280	宁夏、甘肃北部，新疆东南部，青海、西藏西部
二	3000～3200	5900～6700	200～230	河北、山西北部，内蒙古、宁夏南部，甘肃中部，青海东部，西藏东南部，新疆南部
三	2200～3000	5000～5900	170～200	山东、河南、河北东南部，山西南部，新疆北部，吉林、辽宁、云南，陕西北部，甘肃东南部，广东和福建南部，江苏和安徽北部，北京
四	1400～2200	4200～5000	140～170	湖北、湖南、江西、浙江、广西，广东北部，陕西、江苏和安徽三省的南部，黑龙江
五	1000～1400	3400～4200	110～140	四川和贵州

注：* 指于每平方地表水平面获得的太阳能相当的标准煤量。

如表 5-1 所列为我国太阳能资源区划，我国的太阳能资源可划分为 5 个资源带。表 5-1 中的一、二类地区，太阳能资源很丰富，最适宜用太阳能，三类地区也有用太阳能的优势，四类地区较差，五类地区最差，不宜用太阳能。

已有的生产实践表明：先将锯材气干，使其含水率降至 20%～30%，之后再进行常规室干，可提高干燥室生产率约 40%，减少降等损失 60%。在资金、场地及气候条件适宜的情况下，利用太阳能资源尽可能降低干燥前木材的初含水率，对减少干燥过程的热耗量、提高木材干燥质量意义重大。

5.1.1　太阳能干燥原理及装置分类

5.1.1.1　太阳能干燥原理及特点

太阳光的辐射波长在 0.2～3μm，属于短波辐射，它能穿过玻璃、塑料薄膜等透明材料。当太阳能射线被干燥室的吸热板、物料或空气吸收后转换为热能，发出波长为 3～30μm 的远红外线，而玻璃、塑料薄膜等透明材料则基本上不让 3μm 以上的辐射线透过。这些透明材料让光线只进不出的性能，使干燥室获得了干燥物料的热能，产生了"温室效应"。

太阳能干燥是指以太阳能为能源，被干燥的湿物料或者在温室内直接吸收太阳能并将它转换为热能，或者通过太阳集热器所加热的空气进行对流换热而获得热能。物料表面获得热量后，将热量传入物料内部，使物料中所含的水分从物料内部以液态或气态逐渐到达物料表面，然后通过物料表面的气态界面层（边界层）而扩散到空气中去，干燥过程中湿物料中所含的水分逐步减少，最终达到预定的终态含水率，变成干物料。

与自然气干相比，太阳能干燥的优势：能大幅度地缩短干燥时间，同时可提高产品质量。与采用常规能源的干燥装置相比主要优势包括以下几方面。①节能。太阳能与热泵联合干燥木材，与常规能源干燥相比，其节能率可达70%。②环境效益好。我国大气污染严重，这主要源于煤、石油等燃烧后的废气和烟尘的排放，采用太阳能干燥工农业产品，在节约化石燃料的同时，又可以缓解环境压力。③运行费用低。就初期投资而言，太阳能与常规能源干燥二者相差不大。但是在系统运行时，太阳能干燥几乎是免费的。而常规能源干燥的燃料费用是很高的，即使太阳能干燥不能完全取代采用常规能源的干燥，但通过二者有机结合，使太阳能提供的能量占到总能量消耗的较大比例，同样可节约大量运行费用。④使用方便。太阳能干燥装置各部分工作温度属中低温，操作简单、安全可靠。

太阳能干燥的不足：

① 太阳能是间歇性能源，不连续、不稳定，且能流密度低，单独使用太阳能时，干燥室温度低、波动大，干燥周期长；

② 简易太阳能干燥虽投资少，但容量小，热效率低，而大中型的投资大、占地面积大；

③ 太阳能干燥常需要与其他能源联合，如太阳能-热泵，太阳能-蒸汽等形式，使干燥设备的总投资增加；

④ 尚未完全解决太阳能低成本的有效储能问题，近年来用备受关注的相变储热，由于具有储热密度大、体积小、相变温度稳定等优点，有一定的应用前景，但储热的投资较大。

5.1.1.2 太阳能干燥装置分类

常用的太阳能干燥装置一般分为两大类，即温室型太阳能干燥（阳光直接照射物料）和集热器型太阳能干燥装置。实际应用中还有两者结合的半温室型太阳能干燥装置，以及集热器与常规能源、集热器与储热装置、集热器与热泵等各种组合式太阳能干燥装置。

（1）温室型太阳能干燥装置　这种太阳能干燥装置实际上是具有排湿能力的太阳能温室，其原理如图5-1所示。这种干燥室的东墙、西墙、南墙及倾斜屋顶均采用玻璃或塑料薄膜等透光材料，太阳能透过玻璃进入干燥室后，辐射能转换为热能，其转换效率取决于物料表面及墙体材料的吸收特性。一般将墙体（或吸热板）表面涂上黑色涂料以提高对太阳能的吸收率。温室型干燥室一般为自然通风，如有条件也可以装风机实行强制通风，以加快木材的干燥速度。若在干燥室顶部加一段烟囱，可以增强通风能力，且烟囱越高，通风能力越强。

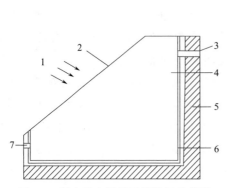

图 5-1　温室型太阳能干燥装置示意图
1—太阳光；2—玻璃；3—排气口；4—干燥室；
5—墙体；6—黑色涂层；7—进气口

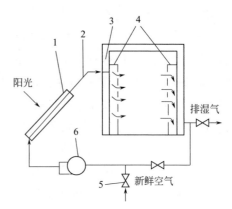

图 5-2　集热器型太阳能干燥装置示意图
1—空气集热器；2—风管；3—加热器；
4—主风管；5—风阀；6—风机

温室型干燥室的优点是：①结构简单，造价低；②可因地制宜，建造容易；③操作简单；④干燥成本低。它的缺点是：①干燥室温升小，昼夜温差大，干燥速度慢；②干燥室容量小；③占地面积比同容量的常规干燥室大。

温室型太阳能干燥器的适用范围是：①对干燥速度和终含水率要求不高的物料；②允许接受阳光暴晒的物料。

（2）集热器型太阳能干燥装置　集热器型太阳能干燥装置是由太阳能集热器与干燥室组合而成的，其设备组成见图 5-2。此类干燥装置是利用太阳能集热器把空气加热到预定温度后，通入干燥室进行干燥作业的。利用太阳能集热器加热空气，一般来说有空气型集热器和热水型集热器两种。前者以空气为载热介质，直接吸收太阳辐射能量；后者是使用太阳能热水器加热水后，通过换热器加热空气。前者的热效率比较高，但工作温度易受太阳能辐射变化影响，波动性大；后者的热效率比较低，成本较高，但可利用蓄热水箱贮存热量，系统工作比较稳定。在实际运用的集热器型干燥装置中，大多数采用空气集热器加热空气。

集热器型干燥装置中，干燥室的形式以结构特征来划分有：箱式、室式、流动床式和固定床式等。目前，室式和固定床式比较多。

集热器型太阳能干燥装置的集热器可灵活布置，干燥室内的温升比温室型高，干燥室容量较大。但集热器型比温室型投资大，干燥成本高一些。

（3）温室-集热器组合太阳能干燥装置　为克服温室型太阳能干燥受结构限制温升小的缺点，通常在温室外再增加一部分空气集热器，这就组成了集热器-温室型太阳能干燥装置，见图 5-3。在这种干燥装置中，通常空气先经太阳能空气集热器预热，然后再进入干燥温室，使温室干燥温度得到提高，以加速物料的干燥。

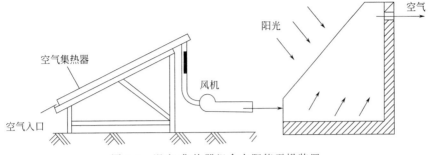

图 5-3　温室-集热器组合太阳能干燥装置

（4）集热器型的各种组合式太阳能干燥装置　太阳能是间断的多变能源，为了解决供热波动性的问题，一般采用太阳能与常规能源或其他供热方式结合。目前，应用较普遍的常规能源为燃煤或其他燃料。以煤为例，采用锅炉产生的蒸汽或烟气，通过热交换器和太阳能一起组成干燥室的供热系统。晴天利用太阳能干燥，夜间或阴雨天用锅炉辅助供热。在电价便宜、电能丰富的地区，也可以用电能作辅助能源，因为电加热器可以随着天气变化迅速地投入运行或关闭，适应性强，在水电资源丰富，季节性干燥作业较多的地区比较适宜。另外还可采用各种不同的蓄热措施，来减少干燥室供热波动性的问题。图 5-4 为太阳能集热器与常规能源及储热装置结合的示意图。

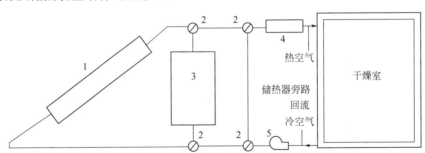

图 5-4　太阳能集热器与常规能源及储热装置结合
1—集热器；2—三通风门；3—储热装置；4—辅助能源；5—风机

图 5-5 为太阳能集热器与热泵联合干燥装置示意图。晴天利用太阳能干燥，夜间或阴雨天启用热泵供热。热泵的主要部件是压缩机、蒸发器、膨胀阀和冷凝器。热泵依靠蒸发器内的制冷工质在低温下吸取环境的热能，经压缩机在冷凝器处于高温下放出热量，供应干燥室的空气经热泵的冷凝器加热后，提高了空气的温度，即提高了干燥效率。热泵供热比电加热器供热效率一般高 2 倍以上，热泵系统的节能率取决于使用环境的温度和湿度。在气温高、湿度大的地区，节能明

显，而在寒冷干旱地区则效果差。

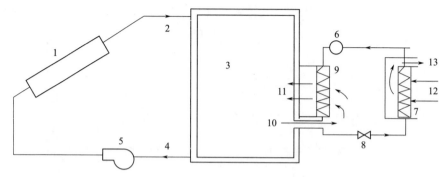

图 5-5　太阳能集热器与热泵联合干燥装置

1—集热器；2—热空气；3—干燥室；4—回风；5—风机；6—压缩机；7—蒸发器；
8—膨胀阀；9—冷凝器；10—来自干燥室的湿空气；11—冷凝器的干热风；12—空气；13—出冷风

5.1.2　木材太阳能干燥的应用

5.1.2.1　太阳能集热器有效面积的确定

太阳能集热器的有效面积，可用公式（5-1）来计算。

$$A_e = \frac{Q}{(\overline{HR})_h (\tau\alpha)\eta} \tag{5-1}$$

式中　A_e——太阳能集热器透光面积；

　　　Q——集热器需要提供的热量；

$(\overline{HR})_h$——太阳在倾斜面上的辐射强度；

　　　τ——集热器阳光板盖板的透射率；

　　　α——集热器吸热板的吸收率；

　　　η——集热器的瞬时热效率。

由于各地的纬度、海拔高度、气温、太阳能辐射强度等地理气候条件的不同，以及所干木材的材种与含水率的差异，干燥每立方米材所需配的集热器面积也不同。一般干燥每立方米材配集热器 $2\sim8m^2$。若所配集热器面积偏小，投资少，但干燥室温度低，干燥周期长。若配的集热器面积偏大，干燥室升温快，温度高一些，可缩短干燥周期，但投资增大。具体到每一种情况所需配的集热器面积，可通过公式（5-1）计算确定有效集热面积。

对于木材干燥而言，集热器提供的热量 Q，即木材干燥过程中所需的热量，可参照文献（朱政贤，1989）的计算方法求得。

【例 5-1】已知：树种为桉树；密度 $\rho=0.65g/cm^3$；初含水率 $MC_{初}=60\%$；终含水率 $MC_{终}=20\%$；材厚 40mm，隔条厚 25mm；材堆尺寸 $2.2m\times1.2m\times1.4m$（$L\times W\times H$），12 堆；试材材积 $E\approx25m^3$；干燥周期：参考表 5-2 所示的

干燥基准，取干燥周期 $Z=24d$。干燥时间合计为504h，考虑到预热时间定为72h，一个干燥周期576h，约24d。

表 5-2 桉木太阳能干燥基准表

含水率/%	温度/℃	相对湿度 ϕ/%	干燥时间/h
60～50	40	80	96
50～40	45	70	110
40～30	50	60	120
30～20	55	50	178

求解：太阳能预干所需的集热器面积？

解：依据已知条件及可参照文献（朱政贤，1989）的计算方法求得，太阳能干燥过程中需要集热器提供的热量约为115200kJ/h=32kW。之后根据公式（5-1）可计算出集热器的有效集热面积。由生产厂家提供的技术资料选定：表板选用4mm单层通用型透明阳光板 $\tau=0.82$；吸热板涂层选定为耐晒优良特性的铝阳极氧化涂层，吸收率 $\alpha=0.96$，热辐射率 $\varepsilon=0.12$，$\alpha/\varepsilon=8$。集热器瞬时热效率 $\eta=0.52$。查北京地区有关太阳能辐射的资料，$(\overline{HR})_h=2310kJ/(m^2\cdot h)$。

$$\therefore 太阳能集热器有效集热面积 A_e=\frac{115200}{2310\times0.82\times0.96\times0.52}\approx121.82m^2$$

由此可见单位材积所需的集热器面积约为 $4.88m^2$。

5.1.2.2 木材太阳能干燥应用实例

（1）整体型相变储热木材太阳能干燥装置 如图5-6所示，为整体型相变储热木材太阳能干燥装置的外形照片。图5-7所示为该干燥装置的正面剖视示意图。

图 5-6 整体型相变储热木材太阳能干燥装置

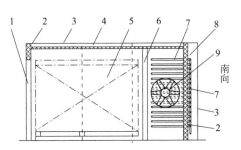

图 5-7 干燥装置的正面剖视示意图

1—大门；2—保温层；3—表板；4—拱形集热器；
5—材堆；6—导风挡板；7—热管；8—热管集热器；
9—轴流式循环风机

该干燥装置采用介于温室型和集热器型之间的整体型端风式结构，兼顾两者的优点，其热量来源由位于南端墙的热管太阳能集热器和整体拱形太阳能集热器两部分组成，集热器面积大，热效率高；两个集热系统可根据所需的干燥温度单独或协同使用，控温灵活、稳定；干燥装置内部设有蓄热导风墙，以确保干燥的连续性及均匀性。当白天太阳能充足时，干燥装置处于升温干燥阶段，夜晚或阴天太阳能不足时，干燥装置处于保温阶段。

如图 5-8 所示，分别为干燥装置的俯视和侧视剖面示意图。整体型太阳能干燥装置由通风机间和干燥间两部分组成，轴流式循环风机位于通风机间，待干材堆位于干燥间，材堆两侧沿干燥间长度方向，分别设有蓄热导风墙，通风机间和干燥间由导风挡板隔开；通风机间的一侧为南端墙，干燥间一侧设有进出木材的大门（北向）；太阳能干燥装置的热量来源包括两个部分，一是位于南端墙的热管太阳能集热器，二是由两侧墙和顶部组成的整体拱形太阳能集热器。

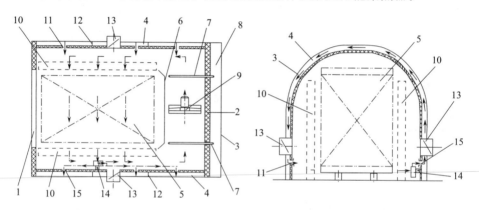

(a)干燥装置的俯视剖面示意图　　　　(b)干燥装置的侧视剖面示意图

图 5-8　干燥装置的俯视和侧视剖面示意图

1—大门；2—保温层；3—表板；4—拱形集热器；5—材堆；6—导风挡板；7—热管；
8—热管集热器；9—轴流式循环风机；10—蓄热导风墙；11—拱形集热器热风出口；
12—拱形集热器隔板；13—进排气口；14—离心式供热风机；15—拱形集热器冷风进口

位于南端墙的热管太阳能集热器，其热管的蒸发端（吸热端）布置于集热器内部，而冷凝端（放热端）布置于通风机间，如图 5-9、图 5-10 所示。干燥过程中，由集热器获得的热量经由热管传送至通风机间，在循环风机的带动下，再由干燥介质（湿空气）传递给待干木材。

整体拱形太阳能集热器，由两侧墙和顶部（板）组成。两侧墙中的一侧设有离心式供热风机，干燥介质（湿空气）在供热风机的带动下，从位于侧墙的拱形集热器冷风进口流入，流经侧墙—顶板—侧墙，进而将集热器获得的热量取出，最终从位于拱形集热器另一侧的热风出口排出，用于加热待干木材。

图 5-9　热管集热器中热管的放热端（通风机间）　　图 5-10　热管集热器中热管的吸热端（南向）

为确保换热的均匀性，整体拱形太阳能集热器，在干燥装置的长度方向上，由拱形集热器隔板分隔成不少于 1 个的独立通风单元，每个通风单元，都各有一个冷风进口和对应的热风出口。

干燥装置内部设有蓄热导风墙，其作用是均匀配气和蓄热，蓄热导风墙由不少于 1 列的装有固-液相变蓄热材料的金属管构成，气流循环方向上叉排布置，如图 5-11 所示。蓄热导风墙的过风率大于 30%（用垂直墙体的过风面积与墙体迎风面面积的百分比表示），以保证干燥介质在干燥室的长度方向上流速均匀，确保整堆木材的同步干燥。蓄热导风墙体积小，但蓄热能力强，并且可以根据日照强度和待干燥物料的量决定蓄热管的用量，具有较好的实用性。

图 5-11　金属管竖排的蓄热导风墙　　　　图 5-12　太阳能干燥装置内锯材堆积照片

如图 5-12 所示，为整体型相变储热木材太阳能干燥装置锯材堆积照片。使用该设备，以美洲黑杨（populus deltoides）为试材的研究结果表明：在选定的试验条件下，太阳能干燥室配备整体式和热管式两种集热器，其热利用效率分别为 33%、64%。太阳能干燥室的节能效果显著，能达到 70.9%。

（2）大型木材太阳能预干室　如图 5-13 所示，为笔者为山东省某木材加工设计的大型太阳能预干室，图 5-14 为木材太阳能预干室照片。该预干室骨架部分采用轻钢单元式结构，具有强制排湿及热水辅热系统。预干室为顶风机型，由透光隔板将预干室分成上下两个部分，上部为通风机间，下部为干燥间。北墙为土建实体墙，实体墙内壁表面涂饰选择性涂层；南墙、两侧及顶板均为 PC 阳光板覆面，有效采光面积约 2000m²，实际材积可达 1000m³。

预干室内安装有循环风机、排湿风机、上下通风口、热水辅助热源，确保在阴雨天和夜间能持续对木材进行预干。该太阳能预干室在不启用辅热的情况下，每年 5～11 月可运行 7 个月，夏季室内温度能维持在 50℃左右，最高温度可达65℃以上，平均温度比环境温度高出 20℃左右。既能大幅度降低木材初含水率，提高干燥速率，缩短干燥周期，提高干燥质量，还能减少环境污染，降低生产能耗。已有的实践表明，将锯材堆放在板院内进行的预干，使含水率达到 20%～30%，然后再常规室干，可以增加干燥室生产率约 40%，减少降等损失 60%。

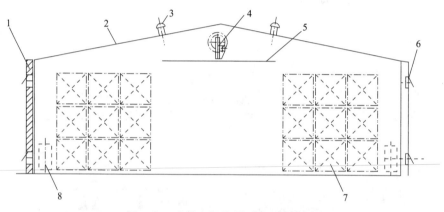

图 5-13　木材太阳能预干室示意图

1—北（保温）墙；2—PC 阳光板；3—屋顶风机；4—循环风机；
5—透光隔板；6—通气口；7—材堆；8—热水换热器

图 5-14　木材太阳能预干室照片

木材太阳能预干过程的工艺管理可参考以下步骤进行：

① 木材装机前应对预干室内部设备进行检查，确认其完好后才能装机。

② 太阳能预干室操作过程包括：白天的加热、排湿及夜间的闷室等阶段，以下给出建议工艺，可根据具体地区、季节和气候条件修改完善。

a. 加热阶段（通常 09：00～17：00）。预干室处于加热状态，排湿口通常关闭，循环风机启动，风机每 4h 换向一次。若预干室内湿度超过表 5-3 所示的 EMC 数值，可适度开启排湿口，但每次开启时间不超过 0.5h。

表 5-3　太阳能预干室内 EMC 建议数

木材含水率	硬木组（阔叶材）			软木组（针叶材）		
	>60mm	30～60mm	<30mm	>60mm	30～60mm	<30mm
>40%	16%	14%	14%	12%	10%	9%
40～30%	14%	12%	12%	10%	9%	8%
30～25%	14%	12%	10%	8%	8%	8%
25～20%	13%	10%	8%	8%	6%	6%
<20%	10%	8%	6%	6%	4%	4%

b. 干燥排湿阶段（通常 17：00～18：00）。打开排湿口、循环风机继续工作 1h，进行强制排湿，以减小室内湿度提高干燥速率。

c. 闷室阶段（通常下午 18：00 到次日上午 08：00）。关闭排湿口和循环风机进行闷室，利用温度梯度排出木材内部的水分。

d. 闷室排湿阶段（08：00～09：00）。打开排湿口和循环风机进行强制排湿，将闷室阶段从木材中蒸发出来的水分排出预干室。

③ 出室。按照②的方法循环操作，直到木材预干到需要的含水率（建议 20%～30%）后出室。

5.2　热泵干燥技术

热泵的基本原理早在 19 世纪初，由威廉·汤姆逊（William Thomson）以"热量倍增器"的名称提出来。那时人们直接用燃料来采暖。因此，汤姆逊声称：只需要直接采暖所烧燃料的 3%，用"热量倍增器"就能产生出同样的热量来。但是直到 20 世纪 20 年代才开始研究"热量倍增器"，并更名为"热泵"。1930 年英国人霍尔丹（Haldane）公布了他在苏格兰安装和试验的首台家用热泵。采用外界空气作热源，供住宅采暖和加热水用。此后，热泵的研究工作就在许多国家展开了。

由于能源危机，在 20 世纪 70 年代许多传统干燥设备（直接电加热的干燥设备和燃油、燃气的干燥设备）被迫缩减，热泵干燥机组有了较广泛的应用，例如：干燥木材和麦芽、生产干鱼和干燥皮革等。研究表明，在同等条件下热泵除湿可节能 20%～50%，而且物料干燥质量好，安全、无污染、无火灾危险。它作为一种节能的干燥技术，已得到国内外专家学者们的广泛认同。

5.2.1 热泵干燥原理及分类

（1）热泵干燥原理　热泵的含义是借用水泵将水从低水位聚至高水位。热泵依靠制冷工质在低温下吸热，经压缩机在高温下放出热量，空气经热泵提高了空气的温度，即提高的热能的品质。图 5-15 为热泵工作的示意图，假设热泵从低温空气中吸收了 3kW 的热能，热泵压缩机耗 1kW 的热能，就可向干燥室（或取暖空间）供应含 4kW 热能的高温空气。

热泵干燥和常规干燥的基本原理和干燥本质相同，均是依靠干燥室内热空气与被干物料间的对流换热，空气加热被干物料并吸收从被干物料中蒸发的水分。二者的主要区别是湿空气的去湿方法不同。常规干燥时利用向大气排湿气的方式来减少干燥室内相对湿度。即常规干燥要根据干燥工艺的要求湿度，定期从干燥室排气道排出一部分湿度大的热空气，同时从吸气道吸入等量的外界冷空气，见图 5-16。这种空气开式循环的换气方式，热损失很大，据有关资料报道，北京地区，常规蒸汽干燥的换气热损失在 40% 左右。热泵干燥主要依靠空调制冷的原理使空气中水分冷凝来降低干燥室内空气的湿度，空气在干燥室与除湿机之间为闭式循环，基本上不排气。因此，热泵干燥在某些干燥领域（如木材干燥）又称为除湿干燥。

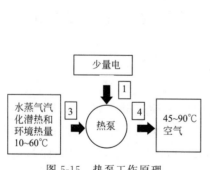

图 5-15　热泵工作原理

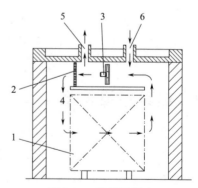

图 5-16　常规干燥室
1—材堆；2—加热器；3—风机；
4—循环空气；5—排气口；6—进气口

热泵干燥机工作原理见图 5-17。热泵干燥机的主要部件是压缩机、蒸发器、膨胀阀和冷凝器。蒸发器的作用如同空调机的室内机（或冰箱的冷冻室），蒸发器内的制冷剂吸收来自干燥室内的湿空气的热量，使空气冷却排水。温度和相对湿度都降低。蒸发器内制冷剂由于吸热蒸发而由液体变成气体，经压缩机升压后送至冷凝器（又称热交换器）。冷凝器的作用如同空调室外机的散热器（或冰箱背面的散热器）。但空调室外机散热器内的高压制冷剂依靠外界大气冷却，使它从气体变成高压液体，热量散发在室外机周围的空气中。热泵干燥机冷凝器内的制冷剂依靠来自蒸发器的干冷空气冷却，冷凝器内制冷剂放出热量使空气被加热变成热风又送回干燥室加热干燥物料。膨胀阀的作用是使制冷液由高压降至低压，以便使它能重新进入蒸发器内吸热进入下一个制冷循环。热泵干燥机工作时，制冷剂（或称制冷工质）只是转移热量的媒介物质，它在除湿蒸发器处吸收湿空气的热量并使空气变干（湿度减小），然后在冷凝器处释放出先前在蒸发器内吸收的热量（连同压缩机耗功转换的热能）使空气升温。

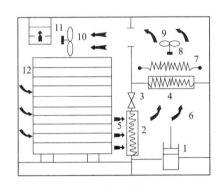

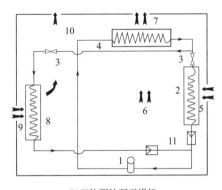

(a)单热源热泵干燥机　　　　　　　　　　　(b)双热源热泵干燥机

图 5-17　热泵干燥机工作原理

1—压缩机；2—除湿蒸发器；3—膨胀阀；4—冷凝器；　　　1—压缩机；2—除湿蒸发器；3—膨胀阀；
5—湿空气；6—脱湿后的干空气；7—辅助电加热器；　　　4—冷凝器；5—湿空气；6—脱湿后的干空气；
8—除湿机风机；9—送干燥室热风；10—干燥室风机；　　　7—送干燥室热风；8—热泵蒸发器；
11—辅助排风扇；12—被干物料　　　　　　　　　　　9—外界空气；10—排出冷空气；11—单向阀

（2）热泵干燥装置分类

① 按工作循环和功能分类　除湿机按工作循环和功能的不同，可分为单热源与双热源两大类。单热源除湿机，见图 5-17（a），它只能回收干燥室湿空气脱湿时放出的热量，难以实现干燥室升温，当干燥室需要供热升温而不必除湿时，如果没有蒸汽或其他辅助热源，一般需要启动辅助电加热器，故电耗较高。

双热源除湿机又称为热泵除湿干燥机，见图 5-17（b），它与单热源的主要区别在于它具有除湿和热泵两个工作循环，有两个蒸发器（除湿蒸发器 2 和热泵蒸发器 8）、两个热源（干燥室湿空气和大气环境），并具有使干燥室除湿和升温两种功能。当干燥室需要排湿时，除湿系统工作，与单热源除湿干燥机相同。当干燥室需要升温时，可启动热泵系统，热泵蒸发器 8 内的制冷工质从大气环境采热，通过压缩机送至冷凝器 4 放出热量，加热空气使干燥室升温。

单热源除湿机也可以称为热泵干燥机，因为无论是热泵蒸发器还是除湿蒸发器工作，都是通过压缩机耗功使其制冷工质在冷凝器处将空气加热升温的。为了便于区分，前者称为除湿干燥机，后者称为热泵除湿干燥机。

② 按制冷系统外部的空气循环方式分类　根据除湿干燥机制冷系统外部的空气循环方式，又可分为封闭式循环和半开式循环两大类。图 5-18（a）与图 5-18（b）所示为空气的封闭式循环，其中图 5-18（a）为除湿机放干燥室内，图 5-18（b）为除湿机放干燥室外，通过风管与干燥室连接。除湿干燥机在这种情况下工作时，冷凝器内制冷工质的冷却，一部分来自经蒸发器脱湿后的空气，又称一次风；另有一部分补充空气称二次风，这里的二次风直接经风阀来自干燥室。图 5-18（c）所示为空气的半开式循环，这里的二次风来自外界环境的新鲜空气，又称新风。半开式循环的除湿机工作时，补充新风的进气扇与干燥室排气扇相互连动、同时工作（又称换气），即从外界补充新风的同时，从干燥室排出等量的湿空气。

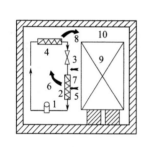 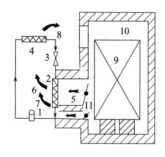 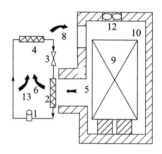

(a)封闭式循环(除湿机放干燥室内)　　(b)封闭式循环(除湿机放干燥室外)　　(c)半开式循环

图 5-18　除湿干燥机两种空气循环

1—压缩机；2—蒸发器；3—膨胀阀；4—冷凝器；5—湿空气；6—脱湿空气；7—二次风；
8—热风；9—材堆；10—干燥室；11—空气阀；12—排气扇；13—进气扇

5.2.2　热泵干燥的评价及应用

5.2.2.1　热泵干燥的评价指标

热泵干燥机的主要构成包括：压缩机、蒸发器、冷凝器、节流机构及辅助设备，以上部件的相对位置如图 5-19 所示。

热泵干燥虽然是一种节能的干燥技术，但同一台热泵干燥机由于运行使用条件和操作水平的不同，能耗差别也是很大的。评价热泵干燥机在不同工况下的性能，常用供热系数 COP（coefficient of performance）和除湿比能耗 SPC（specific power consumption）表示，木材热泵干燥生产中用除湿比能耗 SPC 更多些。

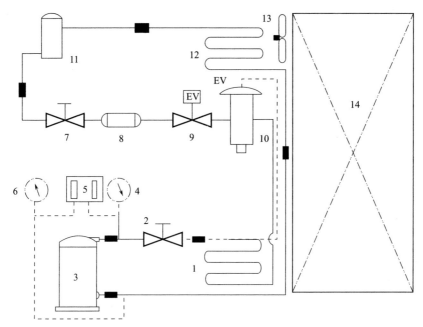

图 5-19　热泵干燥机系统示意图

1—蒸发器；2，7—手动阀；3—压缩机；4—低压表；5—高低压控制器；6—高压表；8—干燥过滤器；
9—电磁阀；10—膨胀阀；11—储液器；12—冷凝器；13—风机；14—干燥室

（1）供热系数 COP

$$\text{COP} = \eta T_1 / (T_1 - T_2) = Q_1 / W \qquad (5\text{-}2)$$

$$Q_1 = Q_2 + W$$

式中　η——热泵干燥机的总效率，一般在 0.45~0.75 之间；

　　　Q_1——热泵干燥机的实际供热量，kW；

　　　Q_2——制冷工质从低温热源吸收的热量，kW；

　　　T_1——制冷工质的冷凝温度，K；

　　　T_2——制冷工质的蒸发温度，K；

　　　W——压缩机的功耗（如果是机组的 COP 值，W 还包括除湿机的风机功率），kW。

当 T_1 一定时，T_2 越高，则 COP 值越高，说明在功耗相同的情况下，热泵干燥机能向空气提供更多的能量。

若取热泵干燥机的总效率为 0.6，设 T_1 为 65℃（338K），$T_2 = 5℃$（278K），则热泵干燥机的实际供热系数为：COP = 0.6 × 338/（338 − 278）= 3.4，说明在这种条件下压缩机耗 1kW 的电能，空气在冷凝处可获得 3kW 以上的热能，比电加热供热效率高 3 倍多。根据国家有关部门公布的发电能耗，取发电效率为 0.33，即获得 1kW 的电能需消耗 3kW 的热能，也就是说只要热泵干燥机的供热系数大于 3 就节约了一次能源。同时若取工业锅炉及管网的供热总效率为 0.6,则只要热泵干燥机供热系数大于 1.8 就优于锅炉供热。总结以上分析,为便于记忆,将热泵的供热情况归纳为以下三种:①COP>3,节约一次能源;②COP>2,优于锅炉供热;③COP>1,优于用电加热器加热。

(2)除湿比能耗 SPC   除湿比能耗俗称脱水能耗比。

$$SPC = \frac{某工况下压缩机消耗的功耗}{相同的时间内物料的脱水量} [kW \cdot h/(kg \cdot K)] \qquad (5-3)$$

热泵干燥的除湿比能耗 SPC 值,不仅与热泵干燥机的运行工况有关,而且还与木材的含水率及干燥室的运行工况等因素有关。SPC 与 COP 值等正相关,但二者没有函数关系。

5.2.2.2 热泵干燥的应用

将热泵干燥技术具体应用到木材常规干燥的节能上,可考虑主要从两个方向入手,一是空气能热泵的利用;二是将热泵与常规干燥进行联合使用。

(1)空气能热泵利用   空气能(源)热泵,作为热泵技术的一种,有"大自然能量的搬运工"的美誉,有着使用成本低、易操作、安全、清洁等多重优势。空气能(源)热泵以无处不在的空气中的能量作为主要动力,通过少量电能驱动压缩机运转,利用压缩制冷循环工作原理,以环境空气中的热量作为低温热源,利用机组循环系统提取或释放热能,将能量转移到建筑物或干燥室内,进而满足用户对用能的需求。空气能热泵的工作原理参见图 5-17(b),热泵蒸发器 8 内的制冷工质从大气环境采热,通过压缩机送至冷凝器 4 放出热量,加热空气使干燥室升温。对现有的木材常规干燥室可采用增加空气能热泵的方式,实现节能、减排的目的。

(2)热泵与常规干燥的联合   热泵干燥的优点在于:节能效果显著;干燥质量好,一般不会发生变形、开裂、表面硬化、颜色变暗等干燥缺陷;以电为能源不污染环境,无火灾隐患;可不设锅炉设备,易于操作管理,总投资略低于蒸汽干燥设备。其局限性在于:目前一般干燥的温度较低、干燥时间长,对于易干材和厚度大于 5cm 的厚板材,其节能效果都不明显;在电力紧张、电价高的地区可能节能不节钱,这些地区尤其不宜使用单热源除湿机;对木材的调湿处理,不如蒸汽干燥灵活方便;在高温段工作时其经济性和安全性均降低。

常规干燥的优点在于:技术成熟,适应性强,可干燥不同材料、不同厚度和任意初、终含水率的板材;干燥室加热升温快、干燥周期短(与除湿、太阳能等其他对流干燥方法相比);干燥室温度、相对湿度及预热、喷蒸处理灵活方便,易于自动控制。其缺点在于:干燥室进、排气换热损失大,能耗高;干燥室及锅炉设备的一次性投资大,锅炉及加热管路的维修费用大;干燥室排气及锅炉排烟对环境造成热污染和烟尘污染。

将热泵干燥与常规蒸汽干燥联合使用，可充分发挥各自的优势，达到节能快干的目的。即在干燥前期用蒸汽干燥预热木材；干燥初期和中期排湿量大时，用除湿干燥回收排气能量；而干燥后期即高温时，采用蒸汽干燥来缩短干燥时间。北京林业大学以马尾松为试材，对常规蒸汽干燥、热泵干燥及二者联合干燥木材的能耗进行了对比试验。除湿机用的制冷工质为 R22。结果表明：在选定的试验条件下，通过对三种干燥方式的能耗分析可知，除湿干燥的能耗最少，但其周期最长；蒸汽-除湿联合干燥的能耗比除湿能耗高 18%，但比蒸汽干燥节能 27.3%，且干燥周期比除湿干燥缩短了近一半，由此可以看出联合干燥的优势。

5.3 常规干燥热能的回收

回收排气及冷凝水余热是传统木材干燥节能减排的重要途径之一，一般可采用以下几种方式对热能进行回收利用。

5.3.1 热泵用于常规干燥室排气余热回收

木材干燥的排气余热回收普遍可采用除湿机（热泵干燥）的方式进行，与常规干燥相比，单热源热泵干燥机［图 5-17（a）］的节能率在 40% 左右。20 世纪 90 年代，除湿干燥机约占各类木材干燥设备总干燥能力的 1/10 左右，处于蒸汽干燥之后，居第二位。但自 20 世纪 90 年代末期以来，除湿机在木材干燥行业的应用有明显下降的趋势，其原因主要在于：①一般除湿干燥的温度较低，干燥时间长，故对于易干材和厚度大于 5cm 的厚板材，其节能效果都不明显；②除湿干燥在电力紧张、电价高的地区可能节能不节钱，这些地区尤其不宜使用单热源除湿机；③对木材的调湿处理，不如蒸汽干燥灵活方便；④除湿机在干燥中期的节能效果下降，而干燥后期则不宜开机；⑤某些木材加工企业的节能意识差，对除湿干燥节能的原理理解不深。目前，随着人们对环保要求的提高，以及企业节能意识的增强，除湿干燥的应用又有增加的趋势。

5.3.2 换热设备用于干燥室排气余热回收

采用各种类型的换热设备，用于木材常规干燥室排气余热的回收，已有少量的工业化试用。但由于各类换热设备的构造、换热效率，以及对原有排湿速率影响较大的原因，其使用的效果差别较大。个别换热装置还需增设强排风机，结构较为复杂，也增加了额外的电能消耗。已有的试验结果显示，普通的列管换热器用于余热回收，平均节能 12.4%，最高达 30%。此种换热器虽然节能率低于除湿机，但其投资少，运行费用低，易于推广。

热管是一种具有极高导热性能的传热元件，热管用于干燥系统的排气余热回收有明显的节能效果。实际生产运用表明，热管换热器比普通列管换热器节能

10%。采用热管换热器用于木材常规干燥排气余热回收的研究得出，热管换热器的平均热能回收率可达 30%。

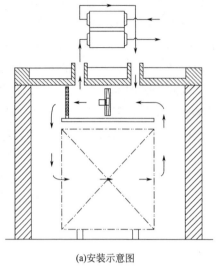

(a)安装示意图   (b)实物照片

图 5-20 热管热能回收装置

如图 5-20 所示为热管热能回收装置现场安装示意图。对最常用的顶风式木材常规干燥室，热能回收装置通常安装于干燥室顶部的进、排气口之间，并通过管路系统分别与进、排气口相连接。新型的热管热能回收装置冷、热端可互换，无论风机是正转，还是反转时，热能回收装置均可正常工作。热管换热器用于木材干燥系统的排气余热回收，有较好的应用前景，尽管投资略高于普通换热器，但其换热效率远高于普通换热器。

5.3.3 回收冷凝水余热

一般排出的木材干燥室冷凝水，仍含有约为蒸汽 25% 的热量，没有杂质，故仍可用作锅炉给水。据有关资料报道，锅炉给水每提高 6℃ 可节约燃料 1%。因此，回收利用蒸汽冷凝水是非常有必要的。

5.4 循环风机的节电措施

在整个木材干燥过程中，可针对不同的干燥阶段或含水率阶段，实施不同的风速。在高含水率阶段，通风机采用高转速，使室内保持较高的介质循环速度，促使木材表面的水分大量蒸发；而在低含水率阶段，由于从木材中蒸发出来的水分明显减少，这时可采用较低的风机转速，进而达到节电的目的。

目前，我国木材干燥室使用的风机电机都是异步电机，电机转速是按最大风量要求设计的，一般选转速为 1400r/min，每台电机功率在 2.2kW 或 3kW 左右。

虽然每间干燥室使用的数量不等，但一般有几台电机同时运行。以木材干燥周期15d为例，多台电机连续长时间地运转，其耗电量是很大的。因此，风机电机节电具有十分显著的经济效益。

木材干燥工艺理论研究和实践证明，在木材干燥的后期大约占整个干燥周期的1/2时间内，如能降低室内风速，即降低风机电机转速，既可以降低风机能耗，又对木材干燥质量有益。所以，在不影响木材干燥总体要求的前提下，风机转速降得越低，节电效果越显著。

依据风机特性可知，负载转矩与转速的平方成正比，轴功率与转速的立方成正比。设电机转速为 n_1 时，输入功率为 N_1，下调至 n_2 时，输入功率降至 N_2，则 $N_2 = N_1 (n_2/n_1)^3$。

若风速减少20%，实际转速为原来的80%，则 $(0.8)^3 \times 100\% \approx 51\%$，即风机可节电达50%。若实际转速为50%，则 $(0.5)^3 \times 100\% \approx 13\%$，风机可节电87%。

降速是风机节电的一般方法。近年来，各行业均采用变频调速法。它除了节省电能之外，还可以提高功率因数（一般可提高到0.9以上）。

5.5 新建干燥室的节能设计

对于新建干燥室可考虑以下方式进行节能设计，充分发掘木材干燥设备的节能潜力，进一步降低生产能耗。

（1）增强干燥室壳体的保温性能 有资料报道，选用保温良好的金属壳体干燥室，总能耗可减少11.8%。要注意的是，金属壳体干燥室不一定都比砖砌壳体的保温性能好，现在市场竞争激烈，金属壳体干燥室质量也良莠不齐，有的低价格的金属壳体所用保温材料很差或保温层较薄，导致干燥室保温性能差。而如果砖砌壳体的干燥室墙体很厚，中间又有性能好的保温层，干燥室墙体的保温性能也会很好。

（2）提高干燥室的气密性 提高干燥室的气密性以减少跑冒滴漏现象。如干燥室气密性不好，漏气严重，那么即使干燥室保温性能好也是徒劳的，所以干燥室大、小门及检查孔等的门缝都要采用优质的密封材料。砖砌壳体的干燥室内墙体表面，一定要涂气密好的防水材料，采用吸湿性强的保温材料，这一点尤其重要。另外要尽量减少供热管道的跑冒滴漏现象，管道阀门和疏水器是漏气的主要部件，要选用气密性好的产品，例如选用新型节能疏水器比老式热动力式疏水器节能约15%。

（3）优化干燥室换热面积的配置 目前常规蒸汽干燥室散热器配置比较粗放。选用散热器时依类型而异，采用光滑管或绕片式散热器时，一般每立方米实际材积需要 2～6m² 散热面积，用串片式散热器要 4～8m²。一些干燥室由于加热器配比较小，造成干燥温度偏低，木材干燥周期延长，从而增大电耗和燃料消耗。而加热面积过大又会使投资增加。同时加热面积的配置还与所处地域、干燥室保温情况与风速等因素有关。

分析结果表明：首先，干燥室墙体保温情况对于散热器面积的配置影响很大，一般在相同条件下，金属壳体干燥室的散热器面积＞砖混壳体干燥室的散热器面积＞砖壳体干燥室的散热器面积，且所处地区温度越低，对散热器面积配置的影响越大；其次，散热器管道内蒸汽的温度对散热器面积配置的影响非常大，因此干燥室配置散热器时必须考虑锅炉供热管网中蒸汽的温度，即干燥室在设计时要考虑锅炉的实际压力；再次，干燥室内风速对所需散热器面积的配置也有一定的影响，风速高可减少散热器面积的配置，但增大风速会增加电动机的电力消耗。

面对沉重的环境压力，我国木材干燥行业的节能减排任务十分迫切而艰巨。针对传统木材常规干燥中存在的能耗及环境问题，各木材干燥企业要根据自身的具体情况，因地制宜地选用适合的节能减排措施和方法，进一步完善干燥室及相关设备，以充分发掘设备节能潜力，采用联合干燥与集约化生产等相关措施与建议，必将取得显著的社会、经济与生态效益。

附录 1 木材平衡含水率表

平衡含水率/%（表中数值）　温度计差/℃（列）　干球温度/℃（行）

例：
干球温度＝82℃
温度计差＝11℃
平衡含水率＝8%

干球温度/℃	0	1	2	3	4	5	6	7	8	9	10	11	12	13	14	15	16	17	18	19	20	21	22	23	24	25
120																					4.5	4	4	4	3.5	3.5
118																				4.5	4.5	4	4	4	4	3.5
116																			5	4.5	4.5	4	4	4	4	3.5
114																		5	5	4.5	4.5	4	4.5	4	4	3.5
112																	5	5	5	4.5	4.5	4.5	4.5	4	4	3.5
110																5.5	5.5	5	5	5	4.5	4.5	4.5	4	4	4
108					11.5	11									5.5	5.5	5.5	5	5	5	4.5	4.5	4.5	4	4	4
106				13	11.5	11	10	9.5	8.5					6.5	6	5.5	5.5	5.5	5	5	4.5	4.5	4.5	4	4	4
104			14.5	13	12	11	10	9.5	8.5	8			6.5	6.5	6	5.5	5.5	5.5	5	5	4.5	4.5	4.5	4	4	4
102		16.5	15	13	12	11	10	9.5	8.5	8	7.5	7	6.5	6.5	6	6	5.5	5.5	5	5	4.5	4.5	4.5	4	4	4
100	22	17	15	13	12	11	10	9.5	9	8	7.5	7	6.5	6.5	6	6	5.5	5.5	5	5	4.5	4.5	4.5	4	4	4
98	22.5	17	15	14	12	11.5	10	9.5	9	8.5	7.5	7	6.5	6.5	6	6	5.5	5.5	5	5	4.5	4.5	4.5	4	4	4
96	23	17.5	15.5	14	12.5	11.5	10	10	9	8.5	7.5	7	6.5	6.5	6.5	6	5.5	5.5	5.5	5	4.5	4.5	4.5	4	4	4
94	23	18	15.5	14	12.5	11.5	10.5	10	9	8.5	7.5	7	6.5	6.5	6.5	6	5.5	5.5	5.5	5	4.5	4.5	4.5	4	4	4
92	23.5	18	15.5	14	12.5	11.5	10.5	10	9	8.5	8	7.5	7	6.5	6.5	6	6	5.5	5.5	5	4.5	4.5	4.5	4	4	3.5
90	24	18.5	16	14	12.5	11.5	10.5	10	9	8.5	8	7.5	7	6.5	6.5	6	6	5.5	5.5	5	4.5	4.5	4.5	4	4	3.5
88	24	18.5	16	14	12.5	11.5	11	10	9.5	8.5	8	7.5	7	6.5	6.5	6	6	5.5	5.5	5	4.5	4.5	4.5	4	4	3.5
86	24.5	19	16	14	12.5	11.5	11	10	9.5	9	8.5	8	7.5	6.5	6.5	6	6	5.5	5.5	5	4.5	4.5	4.5	4	4	3.5
84	24.5	19	16	14	12.5	11.5	11	10	9.5	9	8.5	8	7.5	7	6.5	6	6	5.5	5.5	5	4.5	4.5	4.5	4	4	3.5
82	24.5	19	16	14	13	12	11	10	9.5	9	8.5	8	7.5	7	6.5	6	6	5.5	5.5	5	4.5	4.5	4.5	4	4	3.5

平衡含水率/%	温度计差/℃																									
干球温度/℃	0	1	2	3	4	5	6	7	8	9	10	11	12	13	14	15	16	17	18	19	20	21	22	23	24	25
80	25	19	16	14	13	12	11	10	9.5	9	8.5	8	7.5	7	6.5	6.5	6	5.5	5.5	5	5	4.5	4.5	4	4	3.5
78	25	19	16	15	13	12	11	10	9.5	9	8.5	8	7.5	7	6.5	6.5	6	5.5	5.5	5	5	4.5	4	4	4	3.5
76	25	19.5	16.5	15	13	12	11	10	9.5	9	8.5	8	7.5	7	6.5	6.5	6	5.5	5.5	5	5	4.5	4	4	4	3.5
74	25.5	19.5	16.5	15	13	12	11	10	9.5	9	8.5	8	7.5	7	6.5	6.5	6	5.5	5.5	5	5	4.5	4	4	4	3.5
72	25.5	20	17	15	13.5	12.5	11	10	9.5	9	8.5	8	7.5	7	6.5	6.5	6	5.5	5.5	5	5	4.5	4	4	4	3.5
70	26	20	17	15	13.5	12.5	11	10.5	9.5	9	8.5	8	7.5	7	6.5	6.5	6	5.5	5.5	5	5	4.5	4	4	4	3.5
68	26	20	17.5	15	13.5	12.5	11.5	10.5	9.5	9	8.5	8	7.5	7	6.5	6.5	6	5.5	5.5	5	5	4.5	4	4	4	3.5
66	26.5	20.5	17.5	15	13.5	12.5	11.5	10.5	10	9	8.5	8	7.5	7	6.5	6.5	6	5.5	5.5	5	5	4.5	4	4	4	3.5
64	26.5	20.5	17.5	15	13.5	12.5	11.5	10.5	10	9	8.5	8	7.5	7	6.5	6.5	6	5.5	5.5	5	5	4.5	4	4	4	3.5
62	27	21	17.5	15	14	12.5	11.5	10.5	10	9.5	8.5	8	7.5	7	6.5	6.5	6	5.5	5	5	4.5	4.5	4	4	4	3.5
60	27	21	18	15	14	12.5	11.5	10.5	10	9.5	8.5	8	7.5	7	6.5	6.5	6	5.5	5	5	4.5	4.5	4	4	4	3.5
58	27	21	18	15	14	12.5	11.5	10.5	10	9.5	8.5	8	7.5	7	6.5	6.5	6	5.5	5	5	4.5	4.5	3.5	3.5	3.5	3
56	27.5	21	18	16	14	13	11.5	10.5	10	9.5	8.5	8	7.5	7	6.5	6	6	5	5	4.5	4.5	4	3.5	3.5	3.5	3
54	27.5	21.5	18	16	14	13	11.5	10.5	10	9	8.5	8	7.5	6.5	6.5	6	5.5	5	5	4.5	4.5	4	3.5	3.5	3	3
52	28	21.5	18	16	14	12.5	11.5	10.5	10	9	8.5	8	7.5	6.5	6.5	6	5.5	5	4.5	4.5	4	3.5	3.5	3	3	2.5
50	28	21.5	18.5	16	14	12.5	11.5	10.5	9.5	9	8.5	8	7.5	6.5	6	5.5	5.5	4.5	4.5	4	3.5	3.5	3	3	3	2.5
48	28	21.5	18.5	16	14	12.5	11.5	10.5	9.5	9	8	7.5	7	6.5	6	5.5	5	4.5	4.5	4	3.5	3.5	2.5	2.5	2.5	2
46	28.5	21.5	18.5	16	14	12.5	11.5	10.5	9.5	9	8	7.5	7	6.5	6	5.5	4.5	4.5	4	4	3.5	3	2.5	2.5	2.5	2
44	28.5	22	18.5	16	14	12.5	11.5	10.5	9.5	9	8	7.5	7	6.5	6	5.5			4		3	3	2	2	2	
42	28.5	22	18.5	16	14	12.5	11.5	10.5	9.5	9	8	7.5	7	6.5	6	5.5				3.5		2.5	2.5	2		
40	29	22	18.5	16	14	12.5	11.5	10.5	9.5	9	8	7.5	7	6.5	6	5.5					3	2.5	2	2		

附录 2　我国 55 城市木材平衡含水率估计值

单位：%

城市＼月份	一	二	三	四	五	六	七	八	九	十	十一	十二	年平均
北京	10.3	10.7	10.6	8.5	9.8	11.1	14.7	15.6	12.8	12.2	12.0	10.8	11.4
哈尔滨	17.2	15.1	12.4	10.8	10.1	13.2	15.0	14.5	14.6	14.0	12.3	15.2	13.6
齐齐哈尔	16.0	14.6	11.9	9.8	9.4	12.5	13.6	13.1	13.8	12.9	13.5	14.5	12.9
佳木斯	16.0	14.8	13.2	11.0	10.3	13.2	15.1	15.0	14.5	13.0	13.9	14.9	13.7
牡丹江	15.8	14.2	12.9	11.1	10.8	13.9	14.5	15.1	14.9	13.7	14.5	16.0	13.9
克山	18.0	16.4	13.5	10.5	9.9	13.3	15.5	15.1	14.9	13.7	14.6	16.1	14.3
长春	14.3	13.8	11.7	10.0	10.1	13.8	15.3	15.7	14.0	13.5	13.8	14.6	13.3
四平	15.2	13.7	11.9	10.0	10.4	13.5	15.0	15.3	14.0	13.5	14.2	14.8	13.2
沈阳	14.1	13.1	12.0	10.9	11.4	13.8	15.5	15.6	13.9	14.3	14.2	14.5	13.4
大连	12.6	12.8	12.3	10.6	12.2	14.3	18.3	16.9	14.6	12.5	12.5	12.3	13.0
呼和浩特	12.5	11.3	9.9	9.1	8.6	11.0	13.0	12.1	11.9	11.1	12.1	12.8	11.2
天津	11.6	12.1	11.6	9.7	10.5	11.9	14.4	15.2	13.2	12.7	13.8	12.1	12.1
太原	12.3	11.6	10.9	9.1	9.3	10.6	12.6	14.5	13.8	12.7	12.8	12.6	11.7
石家庄	11.9	12.1	11.7	9.9	9.9	10.6	13.7	15.2	13.0	12.8	12.6	12.1	11.8
济南	12.3	12.3	11.1	9.0	9.6	9.8	13.4	15.2	12.2	11.0	12.2	12.8	11.7
青岛	13.2	14.0	13.9	13.0	14.9	17.1	20.0	18.3	14.3	12.8	13.1	13.5	14.4
郑州	13.2	14.0	14.1	11.2	10.6	10.2	14.0	14.6	13.2	12.4	13.4	13.0	12.4
洛阳	12.9	13.5	13.0	11.9	10.6	10.2	13.7	15.9	11.1	12.4	13.2	12.8	12.7
乌鲁木齐	16.0	18.8	15.5	14.6	8.5	8.8	8.4	8.0	8.7	11.2	15.9	18.7	12.7
银川	13.6	11.9	10.6	9.2	8.8	9.6	11.1	13.5	12.5	12.5	13.8	14.1	11.8
西安	13.7	14.2	13.4	13.1	13.0	9.8	13.7	15.0	16.0	15.5	15.5	15.2	14.3
兰州	13.5	11.3	10.1	9.4	8.8	9.3	10.0	11.4	12.1	12.9	12.2	14.3	11.3
西宁	12.0	10.3	9.7	9.8	10.2	11.1	12.2	13.0	13.0	12.7	11.8	12.8	11.5
成都	15.9	16.1	14.4	15.0	14.2	15.2	16.8	16.8	17.5	18.3	17.6	17.4	16.0
重庆	17.4	15.4	14.9	14.7	14.8	14.7	15.4	14.8	15.7	18.1	18.0	18.2	15.9
雅安	15.2	15.8	15.3	14.7	13.8	14.1	15.6	16.9	17.0	18.3	17.6	17.0	15.3
康定	12.8	11.5	12.2	13.2	14.2	16.2	16.1	15.7	16.8	16.6	13.9	12.6	13.9
宜宾	17.0	16.4	15.5	14.9	14.2	11.2	16.2	15.9	17.3	18.7	17.9	17.7	16.3
昌都	9.4	8.8	9.1	9.5	9.9	12.2	12.7	13.3	13.4	11.9	9.8	9.8	10.3

月份 城市	一	二	三	四	五	六	七	八	九	十	十一	十二	年平均
拉萨	7.2	7.2	7.6	7.7	7.6	10.2	12.2	12.7	11.9	9.0	7.2	7.8	8.6
贵阳	17.7	16.1	15.3	14.6	15.1	15.0	14.7	15.3	14.9	16.0	15.9	16.1	15.4
昆明	12.7	11.0	10.7	9.8	12.4	15.2	16.2	16.3	15.7	16.6	15.3	14.9	13.5
上海	15.8	16.8	16.5	15.5	16.3	17.9	17.5	16.6	15.8	14.7	15.2	15.9	16.0
南京	14.9	15.7	14.7	13.9	14.3	15.0	17.1	15.4	15.0	14.8	14.5	14.5	14.9
徐州	15.7	14.7	13.3	11.8	12.4	11.6	16.2	16.7	14.0	13.0	13.4	14.4	13.9
合肥	15.7	15.9	15.0	13.6	14.1	14.2	16.6	16.0	14.8	14.2	14.6	15.1	14.8
芜湖	16.9	17.1	17.0	15.1	15.5	16.0	16.5	15.7	15.3	14.8	15.9	16.3	15.8
武汉	16.4	16.7	16.0	16.0	15.5	15.2	15.3	15.0	14.5	14.5	14.8	15.3	15.4
宜昌	15.5	14.7	15.7	16.3	15.8	15.0	11.7	11.1	11.2	14.8	14.4	15.6	15.4
杭州	16.3	18.0	16.9	16.0	16.0	16.4	15.4	15.7	16.3	16.3	16.7	17.0	16.5
温州	15.9	18.1	19.0	18.4	19.7	19.9	18.0	17.0	17.1	14.9	14.9	15.1	17.3
南昌	16.4	19.3	18.2	17.4	17.0	16.3	14.7	14.1	15.0	14.4	14.7	15.2	16.0
九江	16.0	17.1	16.4	15.7	15.8	16.3	15.3	15.0	15.2	14.7	15.0	15.3	15.8
长沙	18.0	19.5	19.2	18.1	16.6	15.5	14.2	14.3	14.7	15.3	15.5	16.1	16.5
衡阳	19.0	20.6	19.7	18.9	16.5	15.1	14.1	13.6	15.0	16.7	19.0	17.0	16.8
福州	15.1	16.8	17.6	16.5	18.0	17.1	15.5	14.8	15.1	13.5	13.4	14.2	15.6
永安	16.5	17.7	17.0	16.9	17.3	15.1	14.5	14.9	15.9	15.2	16.0	17.7	16.3
厦门	14.5	15.6	16.6	16.4	17.9	18.0	16.5	15.0	14.6	12.6	13.1	13.8	15.2
崇安	14.7	16.5	17.6	16.0	16.7	15.9	14.8	14.3	14.5	13.2	13.9	14.1	15.0
南平	15.8	17.1	16.6	16.3	17.0	16.7	14.8	14.9	15.6	14.9	15.8	16.4	16.1
南宁	14.7	16.1	17.4	16.6	15.9	16.2	16.1	16.5	14.8	13.6	13.5	13.6	15.4
桂林	13.7	15.4	16.8	15.9	16.9	15.1	14.8	14.8	12.7	12.3	12.6	12.8	14.4
广州	13.3	16.0	17.3	17.6	17.6	17.5	16.6	16.1	14.7	13.0	12.4	12.9	15.1
海口	19.2	19.1	17.9	17.6	17.1	16.1	15.7	17.5	18.0	16.9	16.1	17.2	17.3
台北	18.0	17.9	17.2	17.5	15.9	16.1	14.7	14.7	15.1	15.4	17.0	16.9	16.4

附录3 中国主要树种的木材密度与干缩系数

树 种	密度/(g/cm³)		干缩系数/%		
	基 本	气 干	径 向	弦 向	体 积
苍山冷杉	0.401	0.439	0.217	0.373	0.590
冷 杉		0.433	0.174	0.341	0.537
川滇冷杉	0.353	0.436	0.222	0.357	0.583
臭冷杉		0.384	0.129	0.366	0.472
柳 杉	0.290	0.346	0.070	0.220	0.320
杉 木	0.306	0.390	0.123	0.268	0.408
冲天柏	0.430	0.518	0.255	0.270	0.403
柏 木	0.455	0.534	0.141	0.208	0.375
陆均松	0.534	0.643	0.179	0.286	0.486
福建柏		0.452	0.106	0.202	0.326
银 杏	0.451	0.532	0.169	0.230	0.417
云南油杉	0.460	0.573	0.169	0.333	0.510
太白红杉	0.464	0.530	0.114	0.263	0.398
落叶松	0.528	0.696	0.187	0.408	0.619
黄花落叶松		0.594	0.168	0.408	0.554
红 杉	0.428	0.519	0.150	0.326	0.485
新疆落叶松	0.451	0.563	0.162	0.372	0.541
水 杉	0.278	0.342	0.089	0.241	0.344
云 杉	0.290	0.350	0.106	0.275	0.410
油麦吊云杉		0.500	0.192	0.305	0.521
长白鱼鳞云杉	0.378	0.467	0.198	0.360	0.545
红皮云杉	0.352	0.435	0.142	0.315	0.455
丽江云杉	0.360	0.441	0.177	0.305	0.496
紫果云杉	0.361	0.429	0.160	0.315	0.491
天山云杉	0.352	0.432	0.139	0.309	0.458
华山松	0.386	0.458	0.108	0.252	0.377
高山松	0.413	0.509	0.151	0.307	0.495
赤 松	0.390	0.490	0.168	0.270	0.451
湿地松	0.359	0.446	0.114	0.197	0.335

树 种	密度/(g/cm³)		干缩系数/%		
	基 本	气 干	径 向	弦 向	体 积
海南五针松	0.358	0.419	0.100	0.298	0.373
黄山松	0.440	0.547	0.175	0.299	0.507
思茅松	0.420	0.516	0.145	0.303	0.462
红 松		0.440	0.122	0.321	0.459
广东松	0.429	0.501	0.131	0.270	0.409
马尾松	0.429	0.520	0.163	0.324	0.512
樟子松	0.370	0.457	0.144	0.324	0.491
油 松	0.360	0.432	0.112	0.301	0.416
黑 松	0.450	0.557	0.181	0.305	0.500
南亚松	0.530	0.656	0.210	0.297	0.529
云南松	0.481	0.586	0.186	0.308	0.517
侧 柏	0.512	0.618	0.131	0.198	0.344
鸡毛松	0.429	0.522	0.155	0.247	0.436
竹 柏	0.419	0.529	0.110	0.250	0.390
金钱松	0.405	0.491	0.157	0.276	0.448
黄 杉	0.470	0.582	0.176	0.283	0.468
圆 柏	0.513	0.609	0.140	0.190	0.350
秃 杉	0.295	0.358	0.106	0.277	0.417
铁 杉	0.460	0.560	0.190	0.290	0.500
云南铁杉	0.377	0.449	0.145	0.269	0.427
丽江铁杉	0.466	0.564	0.178	0.300	0.495
长苞铁杉	0.542	0.661	0.215	0.310	0.538
黑荆树	0.539	0.676	0.181	0.358	0.570
青榨槭	0.444	0.548	0.136	0.239	0.388
白牛槭		0.680	0.170	0.394	0.472
槭 木	0.564	0.709	0.196	0.339	0.547
杨 桐	0.436	0.548	0.141	0.272	0.428
七叶树	0.409	0.504	0.164	0.277	0.445
臭 椿	0.531	0.659	0.162	0.280	0.449
山合欢	0.482	0.577	0.146	0.226	0.330

树　种	密度/(g/cm³)		干缩系数/%		
	基　本	气　干	径　向	弦　向	体　积
大叶合欢	0.417	0.517	0.120	0.221	0.362
黑　格	0.579	0.697	0.144	0.286	0.440
白　格	0.565	0.682	0.150	0.272	0.428
拟赤杨	0.345	0.435	0.119	0.280	0.414
西南桤木	0.410	0.503	0.153	0.268	0.441
江南桤木	0.437	0.533	0.099	0.289	0.408
山　丹	0.578	0.700	0.208	0.276	0.503
云南蕈树	0.613	0.786	0.211	0.396	0.627
细子龙	0.803	1.006	0.263	0.384	0.670
黄梁木	0.306	0.372	0.107	0.222	0.358
西南桦	0.534	0.666	0.243	0.274	0.541
光皮桦	0.570	0.692	0.243	0.247	0.545
香　桦		0.705	0.235	0.259	0.519
白　桦	0.489	0.615	0.188	0.258	0.466
糙皮桦	0.659	0.808	0.290	0.291	0.607
红　桦	0.500	0.627	0.183	0.243	0.450
秋　枫	0.550	0.692	0.163	0.272	0.451
蚬　木	0.880	1.130	0.363	0.414	0.806
橄　榄	0.405	0.498	0.152	0.258	0.428
亮叶鹅耳枥	0.528	0.651	0.186	0.318	0.518
山核桃	0.596	0.744	0.240	0.320	0.600
铁刀木	0.586	0.705	0.201	0.337	0.569
锥　栗	0.536	0.634	0.141	0.248	0.407
板　栗	0.559	0.689	0.149	0.297	0.464
茅　栗	0.549	0.625	0.161	0.310	0.490
迷　槠	0.449	0.548	0.146	0.301	0.465
高山锥	0.654	0.832	0.199	0.340	0.558
甜　锥	0.466	0.566	0.179	0.287	0.486
罗浮锥	0.483	0.601	0.185	0.303	0.508
栲　树	0.463	0.571	0.126	0.278	0.425

树 种	密度/(g/cm³)		干缩系数/%		
	基 本	气 干	径 向	弦 向	体 积
南岭锥	0.450	0.540	0.130	0.270	0.420
海南锥	0.634	0.787	0.211	0.324	0.558
红 锥	0.584	0.733	0.206	0.291	0.515
吊皮锥	0.627	0.796	0.224	0.305	0.557
狗牙锥	0.468	0.568	0.150	0.260	0.430
元江锥	0.532	0.684	0.169	0.320	0.540
丝 栗	0.404	0.488	0.154	0.259	0.436
苦 槠	0.445	0.538	0.130	0.214	0.362
大叶锥		0.622	0.161	0.237	0.420
楸 树	0.522	0.617	0.104	0.230	0.352
滇 楸	0.392	0.472	0.120	0.233	0.368
云南朴	0.517	0.638	0.162	0.282	0.463
山 枣	0.469	0.596	0.133	0.264	0.462
香 樟	0.437	0.535	0.126	0.216	0.356
云南樟	0.505	0.624	0.171	0.281	0.443
黄 樟	0.411	0.505	0.165	0.286	0.467
丛花厚壳桂	0.444	0.554	0.143	0.270	0.461
竹叶青冈	0.810	1.042	0.194	0.438	0.647
福建青冈	0.780		0.220	0.440	0.680
青 冈	0.705	0.892	0.169	0.406	0.598
小叶青冈	0.722	0.911	0.159	0.408	0.587
细叶青冈	0.721	0.893	0.175	0.435	0.635
赤青冈	0.727	0.947	0.210	0.440	0.690
盘壳青冈	0.839	1.078	0.216	0.454	0.680
黄 檀	0.720	0.870	0.185	0.352	0.556
交让木	0.536		0.146	0.408	0.576
云南黄杞	0.460	0.564	0.178	0.298	0.498
葡萄桉	0.568	0.750	0.200	0.322	0.551
赤 桉	0.551	0.727	0.209	0.337	0.592
柠檬桉	0.774	0.968	0.317	0.388	0.732

树　种	密度/（g/cm³）		干缩系数/%		
	基　本	气　干	径　向	弦　向	体　积
窿缘桉	0.680	0.843	0.245	0.343	0.608
兰　桉	0.508	0.711	0.224	0.397	0.631
大叶桉	0.546	0.695	0.214	0.303	0.541
野　桉	0.491	0.629	0.214	0.307	0.551
广西薄皮大叶桉	0.521	0.663	0.181	0.273	0.485
细叶桉	0.706	0.865	0.267	0.362	0.657
水青冈	0.616	0.793	0.204	0.387	0.617
白蜡树	0.536	0.661	0.139	0.310	0.455
水曲柳	0.509	0.643	0.171	0.322	0.519
嘉　榄	0.575	0.709	0.212	0.271	0.504
皂　荚	0.590	0.736	0.130	0.190	0.325
银　桦	0.444	0.538	0.092	0.243	0.360
加　卜	0.696	0.873	0.199	0.342	0.553
母　生	0.675	0.819	0.207	0.343	0.565
毛坡垒	0.749	0.965	0.300	0.470	0.787
拐　枣	0.525	0.625	0.178	0.296	0.492
野核桃	0.459		0.149	0.231	0.396
核桃楸	0.420	0.353	0.190	0.300	0.516
核　桃	0.533	0.686	0.191	0.291	0.495
栾　树	0.622	0.778	0.222	0.350	0.612
女　贞	0.542	0.660	0.154	0.280	0.456
枫　香	0.491	0.612	0.180	0.360	0.572
鹅掌楸	0.453	0.557	0.188	0.388	0.553
荔　枝	0.814	1.020	0.236	0.358	0.612
绒毛楣	0.700	0.912	0.201	0.475	0.701
脚板楣	0.726	0.924	0.227	0.401	0.651
柄果楣	0.589	0.730	0.183	0.312	0.528
广东楣	0.562	0.698	0.149	0.324	0.481
大果木姜	0.560	0.691	0.243	0.332	0.605
华润楠	0.463	0.580	0.219	0.297	0.540

续表

树　种	密度/(g/cm³)		干缩系数/%		
	基　本	气　干	径　向	弦　向	体　积
光　楠	0.460	0.565	0.190	0.330	0.540
润　楠		0.565	0.171	0.283	0.480
红　楠	0.463	0.560	0.162	0.287	0.468
海南子京	0.891	1.110	0.297	0.390	0.705
玉　兰	0.441	0.544	0.168	0.310	0.499
绿　兰	0.396	0.483	0.168	0.255	0.441
苦　楝	0.369	0.456	0.154	0.247	0.420
川　楝	0.413	0.503	0.141	0.268	0.438
狭叶泡花	0.440	0.568	0.187	0.305	0.520
铜色含笑	0.489	0.613	0.189	0.301	0.513
桑　树	0.534	0.671	0.141	0.266	0.243
香果新木姜	0.452	0.564	0.168	0.260	0.450
山荔枝	0.568	0.717	0.193	0.305	0.520
轻　木	0.200	0.240	0.070	0.160	0.250
红豆树	0.632	0.758	0.130	0.260	0.410
木荚红豆	0.492	0.603	0.160	0.310	0.490
假白兰	0.530	0.667	0.220	0.326	0.567
楸叶泡桐	0.233	0.290	0.093	0.216	0.344
川泡桐	0.219	0.269	0.107	0.216	0.334
泡　桐	0.258	0.309	0.110	0.210	0.320
毛泡桐	0.231	0.278	0.079	0.164	0.261
光泡桐	0.279	0.347	0.107	0.208	0.333
五列木	0.523	0.673	0.175	0.287	0.472
黄菠萝		0.449	0.128	0.242	0.368
闽　楠	0.445	0.537	0.130	0.230	0.380
红毛山楠	0.487	0.607	0.187	0.265	0.467
悬铃木	0.549	0.701	0.200	0.387	0.621
化　香	0.582	0.715	0.196	0.329	0.550
响叶杨	0.401	0.479	0.129	0.240	0.390
新疆杨	0.443	0.542	0.135	0.319	0.475

树　种	密度/(g/cm³)		干缩系数/%		
	基　本	气　干	径　向	弦　向	体　积
加　杨	0.379	0.458	0.141	0.268	0.430
青　杨	0.364	0.452	0.132	0.255	0.400
山　杨	0.400	0.477	0.162	0.323	0.502
异叶杨	0.388	0.469	0.118	0.290	0.431
钻天杨	0.323	0.401	0.100	0.232	0.355
小叶杨	0.341	0.417	0.189	0.273	0.432
山樱桃	0.527	0.633	0.134	0.296	0.453
灰叶稠李	0.513	0.642	0.182	0.286	0.494
枫　杨	0.392	0.467	0.141	0.236	0.404
青　檀	0.643	0.810	0.212	0.325	0.557
多核木	0.701	0.886	0.248	0.358	0.626
麻　栎	0.688	0.930	0.210	0.389	0.616
槲　栎	0.627	0.789	0.192	0.336	0.563
高山栎	0.754	0.960	0.274	0.457	0.685
小叶栎	0.680	0.876	0.197	0.400	0.619
白　栎	0.660		0.144	0.358	0.579
大叶栎	0.679	0.872	0.214	0.354	0.594
辽东栎	0.613	0.774	0.139	0.261	0.403
柞　木	0.603	0.748	0.181	0.318	0.520
栓皮栎	0.711	0.866	0.212	0.407	0.644
刺　槐	0.652	0.792	0.210	0.327	0.548
河　柳	0.490	0.588	0.128	0.334	0.501
乌　桕	0.458	0.561	0.141	0.224	0.387
水石梓	0.464	0.565	0.137	0.263	0.463
檫　木	0.448	0.532	0.143	0.270	0.434
鸭脚木	0.364	0.450	0.186	0.239	0.477
银荷木	0.469	0.612	0.194	0.315	0.550
荷　木	0.502	0.623	0.178	0.310	0.510
油　楠	0.560	0.682	0.172	0.274	0.459
槐　树	0.588	0.702	0.191	0.307	0.511

树 种	密度/(g/cm³)		干缩系数/%		
	基 本	气 干	径 向	弦 向	体 积
石灰树	0.619		0.210	0.357	0.618
乌墨葡桃	0.604	0.760	0.181	0.314	0.512
柚 木		0.601	0.144	0.263	0.413
鸡 尖	0.700	0.850	0.231	0.375	0.621
水青树		0.391	0.102	0.212	0.344
紫 椴	0.355	0.458	0.157	0.253	0.469
湘 椴	0.512	0.630	0.184	0.316	0.518
糠 椴	0.330	0.424	0.187	0.235	0.447
南京椴	0.468	0.613	0.205	0.235	0.462
粉 椴	0.379	0.485	0.135	0.200	0.343
椴 树	0.437	0.553	0.172	0.242	0.433
香 椿	0.501	0.591	0.143	0.263	0.420
红 椿	0.388	0.477	0.150	0.278	0.445
漆 树	0.397	0.496	0.123	0.212	0.235
裂叶榆	0.456	0.548	0.163	0.336	0.517
大国榆	0.531	0.667	0.238	0.408	0.680
白 榆	0.537	0.639	0.191	0.333	0.550
青 皮	0.633	0.837	0.180	0.349	0.546
青 蓝	0.657	0.840	0.218	0.366	0.594
榉 树	0.666	0.791	0.209	0.362	0.591

注:摘自成俊卿《木材学》,1985。

附录 4　湿空气相对湿度表

单位:％

干球温度 t/℃	干湿球温度差 $\Delta t = t - t_w$/℃															干球温度 t/℃
	0	1	2	3	4	5	6	7	8	9	10	11	12	13	14	
30	100	93	87	79	73	66	60	55	50	44	39	34	30	25	20	30
32	100	93	87	80	73	67	62	57	52	46	41	36	32	28	23	32
34	100	94	87	81	74	68	63	58	54	48	43	38	34	30	26	34
36	100	94	88	91	75	69	64	59	55	50	45	40	36	32	28	36
38	100	94	88	82	76	70	65	60	56	51	46	42	38	34	30	38
40	100	94	88	82	76	71	66	61	57	53	48	44	40	36	32	40
42	100	94	89	83	77	72	67	62	58	54	49	46	42	38	34	42
44	100	94	89	83	78	73	68	63	59	55	51	48	43	40	36	44
46	100	94	89	84	79	74	69	64	60	56	51	48	44	41	38	46
48	100	95	90	84	79	74	70	65	61	57	52	49	46	42	39	48
50	100	95	90	84	79	75	70	66	62	58	54	50	47	44	41	50
52	100	95	90	84	80	75	71	67	63	59	55	51	48	45	42	5
54	100	95	90	84	80	76	72	68	64	60	56	52	49	46	43	54
56	100	95	90	85	81	76	72	68	64	60	57	53	50	47	44	56
58	100	95	90	85	81	77	73	69	65	61	58	54	51	48	45	58
60	100	95	90	86	81	77	73	69	65	61	58	55	52	49	46	60
62	100	95	91	82	78	74	70	70	66	62	59	56	53	50	47	62
64	100	95	91	86	82	78	74	70	67	63	60	57	54	51	48	64
66	100	95	91	86	82	78	75	71	67	63	60	57	54	51	49	66
68	100	95	91	87	82	78	75	71	68	64	61	58	55	52	49	68
70	100	96	91	87	83	79	76	72	68	64	61	58	55	52	50	70
72	100	96	91	87	83	79	76	72	69	65	62	59	56	53	50	72
74	100	96	92	87	84	80	76	72	69	65	63	60	56	53	51	74
76	100	96	92	87	84	80	77	73	70	66	64	61	57	54	52	76
78	100	96	92	88	84	80	77	73	70	66	64	61	58	55	53	78
80	100	96	92	88	84	80	77	73	70	66	64	61	58	55	53	80
82	100	96	92	88	84	80	77	74	71	67	65	62	59	56	54	82
84	100	96	92	88	84	80	77	74	71	68	65	62	59	56	54	84

干球温度 t/℃	干湿球温度差 Δt=t−t$_w$/℃															干球温度 t/℃
	0	1	2	3	4	5	6	7	8	9	10	11	12	13	14	
86	100	96	92	88	84	80	78	75	72	69	66	63	60	57	55	86
88	100	96	92	89	85	81	78	75	72	69	66	63	60	57	55	88
90	100	97	93	89	85	81	79	75	72	69	66	63	61	58	56	90
92	100	97	93	90	86	82	79	76	73	70	67	64	62	59	57	92
94	100	97	93	90	86	82	79	76	73	70	67	65	62	60	57	94
96	100	97	93	90	87	83	80	76	73	70	68	65	62	60	58	96
98	100	97	93	90	87	83	80	77	74	71	68	65	63	60	58	98
100	100	97	93	90	87	83	80	77	74	71	68	66	63	61	59	100
102	—	—	94	91	88	84	81	78	75	72	69	67	64	62	59	102
104	—	—	—	—	88	84	81	78	75	72	69	67	64	62	60	104
106	—	—	—	—	—	—	81	78	75	72	69	67	64	62	60	106
108	—	—	—	—	—	—	—	—	75	72	69	67	64	62	60	108
110	—	—	—	—	—	—	—	—	—	—	69	67	65	63	61	110
112	—	—	—	—	—	—	—	—	—	—	—	—	65	63	61	112
114	—	—	—	—	—	—	—	—	—	—	—	—	—	—	61	114
116	—	—	—	—	—	—	—	—	—	—	—	—	—	—	—	116
118	—	—	—	—	—	—	—	—	—	—	—	—	—	—	—	118
120	—	—	—	—	—	—	—	—	—	—	—	—	—	—	—	120
125	—	—	—	—	—	—	—	—	—	—	—	—	—	—	—	125
130	—	—	—	—	—	—	—	—	—	—	—	—	—	—	—	130

干球温度 t/℃	干湿球温度差 Δt=t−t$_w$/℃															干球温度 t/℃
	15	16	17	18	19	20	22	24	26	28	30	32	34	36	38	
30	16	—	—	—	—	—	—	—	—	—	—	—	—	—	—	30
32	19	16	—	—	—	—	—	—	—	—	—	—	—	—	—	32
34	22	19	15	—	—	—	—	—	—	—	—	—	—	—	—	34
36	25	21	18	14	—	—	—	—	—	—	—	—	—	—	—	36
38	27	24	20	17	14	—	—	—	—	—	—	—	—	—	—	38
40	29	26	23	20	16	—	—	—	—	—	—	—	—	—	—	40
42	31	28	25	22	19	16	—	—	—	—	—	—	—	—	—	42
44	33	30	27	24	21	18	—	—	—	—	—	—	—	—	—	44

干球温度 t/℃	干湿球温度差 $\Delta t = t - t_w$/℃															干球温度 t/℃
	15	16	17	18	19	20	22	24	26	28	30	32	34	36	38	
46	34	31	28	25	22	20	16	—	—	—	—	—	—	—	—	46
48	36	33	30	27	24	22	17	—	—	—	—	—	—	—	—	48
50	37	34	31	29	26	24	19	14	—	—	—	—	—	—	—	50
52	38	36	33	30	27	25	20	16	—	—	—	—	—	—	—	52
54	39	37	34	32	29	27	22	18	14	—	—	—	—	—	—	54
56	41	38	35	33	30	28	23	19	15	—	—	—	—	—	—	56
58	42	39	36	34	31	29	25	20	17	—	—	—	—	—	—	58
60	43	40	37	35	32	30	26	22	18	14	—	—	—	—	—	60
62	44	41	38	36	33	31	27	23	19	16	—	—	—	—	—	62
64	45	42	39	37	34	32	28	24	20	17	—	—	—	—	—	64
66	46	43	40	38	35	33	29	24	22	18	15	—	—	—	—	66
68	46	44	41	39	36	34	30	26	23	19	16	—	—	—	—	68
70	47	44	41	39	37	35	31	27	24	20	17	—	—	—	—	70
72	47	45	42	40	38	36	32	28	25	21	18	—	—	—	—	72
74	48	46	43	41	39	37	33	29	26	22	19	14	—	—	—	74
76	49	47	44	42	40	38	34	30	27	23	20	15	—	—	—	76
78	50	48	45	42	40	38	34	31	27	24	21	16	—	—	—	78
80	50	48	45	43	41	39	35	31	28	25	22	17	—	—	—	80
82	51	49	46	44	42	40	36	32	29	26	23	18	—	—	—	82
84	51	49	46	44	42	40	36	32	29	26	23	19	14	—	—	84
86	52	50	47	45	43	41	37	33	30	27	24	20	15	—	—	86
88	52	50	48	46	44	42	38	34	31	28	25	21	16	—	—	88
90	53	51	49	47	45	43	39	35	32	29	26	22	18	—	—	90
92	54	52	50	47	45	43	39	36	33	30	26	22	19	16	—	92
94	54	52	50	48	46	44	40	37	33	30	27	23	20	17	—	94
96	55	53	51	48	46	44	41	37	34	31	28	24	21	18	—	96
98	55	53	51	49	47	45	41	38	34	31	28	25	22	19	16	98
100	56	54	52	49	47	45	42	38	35	32	29	26	23	20	17	100
102	56	54	52	50	48	46	42	38	35	32	29	26	23	21	18	102
104	57	55	53	50	48	46	42	39	35	32	30	27	24	22	19	104

干球温度 t/℃	干湿球温度差 $\Delta t = t - t_w$/℃															干球温度 t/℃
	15	16	17	18	19	20	22	24	26	28	30	32	34	36	38	
106	57	55	53	50	48	46	43	39	36	33	30	27	24	22	20	106
108	57	55	54	51	49	46	43	40	36	33	31	28	25	23	21	108
110	58	56	54	51	49	46	43	41	37	34	32	29	26	24	21	110
112	58	56	54	52	50	47	44	42	38	35	33	30	27	24	22	112
114	58	56	54	52	50	48	45	42	38	35	33	30	27	25	22	114
116	—	57	55	53	51	49	46	43	39	36	34	31	28	25	23	116
118	—	—	—	53	51	50	46	43	40	37	34	32	29	26	23	118
120	—	—	—	—	—	50	47	44	41	38	35	32	29	26	24	120
125	—	—	—	—	—	—	—	41	38	35	33	30	27	25	125
130	—	—	—	—	—	—	—	—	—	35	33	31	28	26	130

注:1. 摘自 Союзнаучдрепром,1985。

　　2. 气流速度为 1.5~2.5m/s。

附录 5   湿空气的焓-湿图

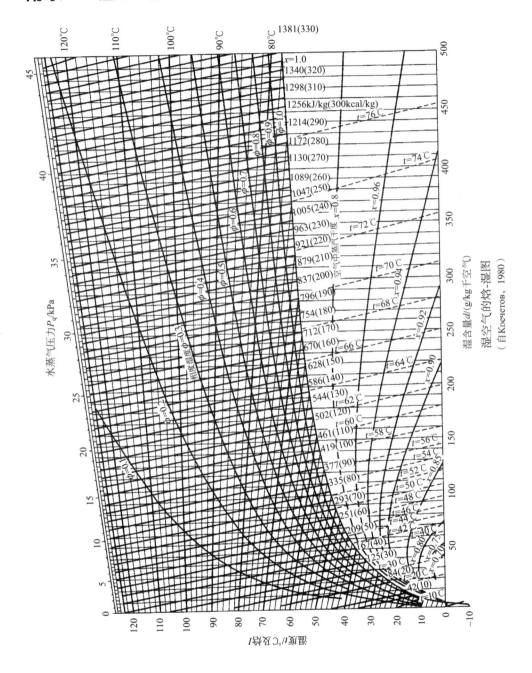

附录6 补充有密度和比容线的焓-湿图

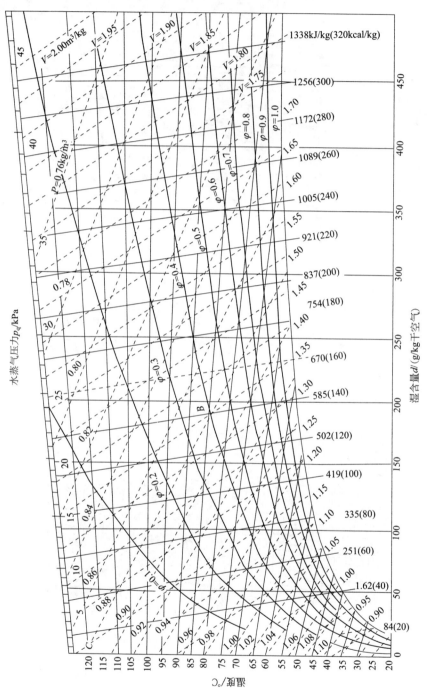

附录 7 饱和水与饱和蒸汽表（按温度排列）

温度，t_s/℃	0	1	2	4	6	8	10	12	14	16	18
饱和压力，$P/10^5$Pa	0.006108	0.006556	0.007054	0.008129	0.009346	0.010721	0.012271	0.014015	0.015974	0.01817	0.020626
汽化潜热，γ/(kJ/kg)	2501.0	2498.6	2496.3	2491.5	2486.8	2482.1	2477.4	2472.6	2467.9	2463.3	2458.5
温度，t_s/℃	20	22	24	26	28	30	35	40	45	50	55
饱和压力，$P_s/10^5$Pa	0.023368	0.026424	0.029824	0.033600	0.037785	0.042417	0.056217	0.073749	0.095817	0.12335	0.15740
汽化潜热，γ/(kJ/kg)	2453.8	2449.2	2444.4	2439.6	2435.0	2430.2	2418.4	2406.5	239405	2382.5	2370.5
温度，t_s/℃	60	65	70	75	80	85	90	95	100	110	120
饱和压力，$P_s/10^5$Pa	0.19919	0.25008	0.31161	0.38548	0.47359	0.57803	0.70108	0.84525	1.01325	1.4326	1.9854
汽化潜热，γ/(kJ/kg)	2358.4	2346.2	2333.8	2321.4	2308.9	2296.2	2283.4	2270.4	2257.2	2230.5	2202.9
温度，t_s/℃	130	140	150	160	170	180	190	200	210	220	230
饱和压力，$P_s/10^5$Pa	2.7012	3.6136	4.7597	6.1804	7.9202	10.027	12.552	15.551	19.079	23.201	27.979
汽化潜热，γ/(kJ/kg)	2174.4	2144.9	2114.1	2082.2	2048.9	2014.0	1977.4	1939.0	1898.6	1856.2	1811.4

附录 8　饱和水与饱和蒸汽表（按压力排列）

压力·P/10⁵Pa	0.010	0.020	0.030	0.040	0.050	0.060	0.070	0.080	0.090	0.100	0.15	0.20
饱和温度·t_s/℃	6.982	17.511	24.098	28.981	32.90	36.18	39.02	41.53	43.79	45.83	54.00	60.09
汽化潜热·γ/(kJ/kg)	2484.5	2459.8	2444.2	2432.7	2423.4	2415.6	2408.8	2402.8	2397.5	2392.6	2372.9	2358.1

压力·P/10⁵Pa	0.25	0.30	0.40	0.50	0.60	0.70	0.80	0.90	1.00	1.2	1.4	1.6
饱和温度·t_s/℃	64.99	69.12	75.89	81.35	85.95	89.96	93.51	96.71	99.63	104.81	109.32	113.32
汽化潜热·γ/(kJ/kg)	2346.1	2336.0	2319.2	2305.4	2293.7	2283.4	2274.3	2265.9	2258.2	2244.4	2232.4	2221.4

压力·P/10⁵Pa	1.8	2.0	2.5	3.0	3.5	4.0	4.5	5.0	6.0	7.0		
饱和温度·t_s/℃	116.93	120.23	127.43	133.54	138.88	143.62	147.92	151.85	158.84	164.96		
汽化潜热·γ/(kJ/kg)	2211.4	2202.2	2181.8	2164.1	2148.2	2133.8	2120.6	2108.4	2086.0	2065.8		

参考文献

［1］P. 若利 F. 莫尔-谢瓦利埃．木材干燥——理论、实践和经济．宋闯译．北京：中国林业出版社，1985.

［2］寺沢真，简本卓造．木材の人工乾燥．新日本印刷株式会社，1983.

［3］中央木材机械加工科学研究所．木材室干技术指南．林伟奇，宗子刚译．北京：中国林业出版社，1998.

［4］Alex Wiedenhoeft. Structure and Function of Wood// Wood handbook——Wood as an engineering material. 2010.

［5］Christen Skaar. Wood-Water Relations. springer-verlag，berlin heidelberg New York，London Paris Tokyo，1970.

［6］Glass S V，Zelinka S L. Moisture Relations and Physical Properties of Wood//Wood handbook——Wood as an engineering material. 2010.

［7］Haygreen，J. G. andBowyer. J. L. Forest Products and Wood Science. Ames Iowas State Univ. Press，1996：484.

［8］Mark. R. E. Cell Wall Mechanics of Tracheids. New Haven，CT：Yale University Press，1967.

［9］Petty，J. A. and Preston R. D. The Dimensions and Number of Pit Membrane Pores in Conifer Wood. Proc. Roy. Soc，Lond. B172：137-151.

［10］Raven，P. Evert，R. and Eichhorn，S. *Biology of Plants*. 6th ed. New York W. H. Freeman，1999.

［11］Shmulsky Rubin and Jones. P. David. Forest Products and Wood Science：An Introduction. Sixth Edition. New Jersey：John Wiley & Sons, Inc，2011.

［12］Siau. J. F. Transport process in wood. New York：Springer，1984：245.

［13］Skaar C，SimpsonW T，Honeycutt R M. Use of Acoustic Emissions to Identify High Levels of Stress during oak lumber drying. Forest Products Journal，1980，30（2）：21-22.

［14］Skaar C. 1972 Waten in wood，Syracuse Univ Press，Syracuse，218.

［15］Stamm，A. J. 1964. Wood and Cellulose Science. New York：Ronald Press.

［16］艾沐野主编．木材干燥实践与应用．北京：化学工业出版社，2016.

［17］鲍甫成，胡荣等．木材流体渗透性及影响其因子的研究［J］．林业科学，1984，20（3）：277-289.

［18］岑幻霞．太阳能热利用．北京：清华大学出版社，1997.

［19］成俊卿主编．木材学．北京：中国林业出版社，1985.

［20］高建民主编．木材干燥学．北京：科学出版社，2008.

［21］顾炼百．木材干燥．第3讲木材的平衡含水率及其应用．林产工业，2002，29（4）：43-46.

［22］顾炼百．木材干燥．第5讲锯材干燥缺陷及预防．林产工业，2002，29（6）：47-50.

［23］顾炼百主编．木材加工工艺学（第2版）．北京：中国林业出版社，2011.

［24］何正斌，伊松林．木材干燥理论．北京：中国林业出版社，2016.

［25］黄月瑞，严华洪．木材干燥技术问答．中国林业出版社，1985.

［26］李永峰，刘一星等．木材流体渗透理论与研究方法［J］．林业科学，2011，47（2）：134-144.

［27］李永峰，刘一星等．木材渗透性的控制因素及改善措施［J］．林业科学，2011，47（5）：131-139.

［28］梁世镇，顾炼百等编．木材工业实用大全·木材干燥卷．北京：中国林业出版社，1998.

［29］刘一星，赵广杰．木质资源材料学［M］．北京：中国林业出版社，2004.

［30］罗运俊等．太阳能利用技术．北京：化学工业出版社，2005.

［31］王喜明主编．木材干燥学．北京：中国林业出版社，2007.

［32］严家騄，王永清．工程热力学．北京：高等教育出版社，1993.

［33］伊松林，张璧光编著．太阳能及热泵干燥技术．北京：化学工业出版社，2011.

［34］张璧光主编．实用木材干燥技术．北京：化学工业出版社，2005.

［35］张璧光，乔启宇．热工学．北京：中国林业出版社，1992：362.

［36］朱政贤主编．木材干燥．第2版．北京：中国林业出版社，1989.

［37］LYT 1798—2008

［38］GB/T 1766—1999

［39］GB/T 6491—2012

［40］LY/T 1068—2012

［41］LY/T 5118—1998

［42］LY/T 1603—2002

［43］LY/T 1069—2012